高 等 院 校 应 用 型 设 计 教 育 规 划 教 材
PLANNED TEXTBOOKS ON APPLIED DESIGN EDUCATION FOR STVDENTS OF UNIVERSITIES & COLLEGES

FLASH 动画技法

FLASH ANIMATION TECHNIQUES

徐斌 陈超 编著

合 肥 工 业 大 学 出 版 社
HEFEI UNIVERSITY OF TECHNOLOGY PRESS

图书在版编目数据
C I P ACCESS

图书在版编目（CIP）数据

Flash 动画技法/徐斌　陈超编著.—合肥：合肥工业大学出版社，2009.8（2017.1重印）

高等院校应用型设计教育规划教材

ISBN 978-7-5650-0025-6

Ⅰ.F…　Ⅱ.①徐…②陈…　Ⅲ.动画-设计-图形软件，Flash-高等学校-教材

Ⅳ. TP391.41

中国版本图书馆CIP数据核字（2009）第133751号

FLASH 动画技法
FLASH ANIMATION TECHNIQUES

Flash 动画技法

编　　著	徐 斌 陈 超
责任编辑	方立松
封面设计	刘葶葶
内文设计	陶霏霏
技术编辑	程玉平
书　　名	高等院校应用型设计教育规划教材——FLASH 动画技法
出　　版	合肥工业大学出版社
地　　址	合肥市屯溪路193号
邮　　编	230009
网　　址	www.hfutpress.com.cn
发　　行	全国新华书店
印　　刷	安徽联众印刷有限公司
开　　本	889mm × 1092mm　1/16
印　　张	5
字　　数	170千字
版　　次	2009年10月第1版
印　　次	2017年1月第3次印刷
标准书号	ISBN 978-7-5650-0025-6
定　　价	39.00元
发行部电话	0551-62903188

编撰委员会

参编院校 

参编院校
EDITORIAL UNI.

排名不分先后

江南大学	南京艺术学院
苏州大学	南京师范大学
南京财经大学	南京林业大学
南京交通职业技术学院	徐州师范大学
常州工学院	常州纺织服装职业技术学院
太湖学院	盐城工学院
三江学院	江苏信息职业技术学院
无锡南洋职业技术学院	苏州科技学院
苏州工艺美术职业技术学院	苏州经贸职业技术学院
东华大学	上海科学技术职业学院
上海交通大学	上海金融学院
上海电机学院	武汉理工大学
华中科技大学	湖北美术学院
湖北大学	武汉工程大学
武汉工学院	江汉大学
湖北经济学院	重庆大学
四川师范大学	华南师范大学
青岛大学	青岛科技大学
青岛理工大学	山东商业职业学院
山东青年干部职业技术学院	山东工业职业技术学院
青岛酒店管理职业技术学院	湖南工业大学
湖南师范大学	湖南城市学院
吉首大学	湖南邵阳职业技术学院
河南大学	郑州轻工学院
河南工业大学	河南科技学院
河南财经学院	南阳学院
洛阳理工学院	安阳师范学院
西安工业大学	陕西科技大学
咸阳师范学院	宝鸡文理学院

参编院校

排名不分先后

渭南师范大学	北京服装学院
首都师范大学	北京联合大学
北京师范大学	中国计量学院
浙江工业大学	浙江财经学院
浙江万里学院	浙江纺织服装职业技术学院
丽水职业技术学院	江西财经大学
江西农业大学	南昌工程学院
南昌航空航天大学	南昌理工学院
肇庆学院	肇庆工商职业学院
肇庆科技职业技术学院	江西现代职业技术学院
江西工业职业技术学院	江西服装职业技术学院
景德镇高等专科学校	江西民政学院
南昌师范高等专科学校	江西电力职业技术学院
广州城市建设学院	番禺职业技术学院
罗定职业技术学院	广州市政高专
合肥工业大学	安徽工程科技学院
安徽大学	安徽师范大学
安徽建筑工业学院	安徽农业大学
安徽工商职业学院	淮北煤炭师范学院
淮南师范学院	巢湖学院
皖江学院	新华学院
池州学院	合肥师范学院
铜陵学院	皖西学院
蚌埠学院	安徽艺术职业技术学院
安徽商贸职业技术学院	安徽工贸职业技术学院
滁州职业技术学院	淮北职业技术学院
桂林电子科技大学	华侨大学
云南艺术学院	河北科技师范学院
韩国东西大学	

参编院校
EDITORIAL UNI.

总序

目前艺术设计类教材的出版十分兴盛，任何一门课程如《平面构成》、《招贴设计》、《装饰色彩》等，都可以找到十个、二十个以上的版本。然而，常见的情形是许多教材虽然体例结构、目录秩序有所差异，但在内容上并无不同，只是排列组合略有区别，图例更是单调雷同。从写作文本的角度考察，大都分章分节平铺直叙，结构不外乎该门类知识的历史、分类、特征、要素，再加上名作分析、材料与技法表现等等，最后象征性地附上思考题，再配上插图。编得经典而独特，且真正可供操作、可应用于教学实施的却少之又少。于是，所谓教材实际上只是一种讲义，学习者的学习方式只能是一般性地阅读，从根本上缺乏真实能力与设计实务的训练方法。这表明教材建设需要从根本上加以改变。

从课程实践的角度出发，一本教材的着重点应落实在一个“教”字上，注重“教”与“讲”之间的差别，让教师可教，学生可学，尤其是可以自学。它必须成为一个可供操作的文本、能够实施的纲要，它还必须具有教学参考用书的性质。

实际上不少称得上经典的教材其篇幅都不长，如康定斯基的《点线面》、伊顿的《造型与形式》、托马斯·史密特的《建筑形式的逻辑概念》等，并非长篇大论，在删除了几乎所有的关于“概念”、“分类”、“特征”的絮语之后，所剩下的就只是个人的深刻体验、个人的课题设计，于是它们就体现出真正意义上的精华所在。而不少名家名师并没有编写过什么教材，他们只是以自己的经验作为传授的内容，以自己的风格来建构规律。

大多数国外院校的课程并无这种中国式的教材，教师上课可以开出一大堆参考书，却不编印讲义。然而他们的特点是“淡化教材，突出课题”，教师的看家本领是每上一门课都设计出一系列具有原创性的课题。围绕解题的办法，进行启发式的点拨，分析名家名作的构成，一次次地否定或肯定学生的草图，无休止地讨论各种想法。外教设计的课题充满意趣以及形式生成的可能性，一经公布即能激活学生去进行尝试与探究的欲望，如同一种引起活跃思维的兴奋剂。

因此，备课不只是收集资料去编写讲义，重中之重是对课程进行设计有意义的课题，是对作业进行编排。于是，较为理想的教材结构，可以以系列课题为主，其线索以作业编排为秩序。如包豪斯第一任基础课程的主持人伊顿在教材《设计与形态》中，避开了对一般知识的系统叙述，而是着重对他的课题与教学方法进行了阐释，如“明暗关系”、“色彩理论”、“材质和肌理的研究”、“形态的理论认识和实践”、“节奏”等。

每一个课题都具有丰富的文件，具有理论叙述与知识点介绍、资源与内容、主题与关键词、图示与案例分析、解题的方法与程序、媒介与技法表现等。课题与课题之间除了由浅入深、从简单到复杂的循序渐进，更应该将语法的演绎、手法的戏剧性、资源的趣味性及效果的多样性与超越预见性等方面作为侧重点。于是，一本教材就是一个题库。教师上课可以从中各取所需，进行多种取向的编排，进行不同类型的组合。学生除了完成规定的作业外，还可以阅读其他课题及解题方法，以补充个人的体验，完善知识结构。

从某种意义上讲，以系列课题作为教材的体例，使教材摆脱了单纯讲义的性质，从而具备了类似教程的色彩，具有可供实施的可操作性。这种体例着重于课程的实践性，课题中包括了“教学方法”的含义。它所体现的价值，就在于着重解决如何将知识转换为技能的质的变化，使教材的功能从“阅读”发展为一种“动作”，进而进行一种真正意义上的素质训练。

从这一角度而言，理想的写作方式，可以是几条线索同时发展，齐头并进，如术语解释呈现为点状样式，也可以编写出专门的词汇表；如名作解读似贯穿始终的线条状；如对名人名论的分析，对方法的论叙，对原理法则的叙述，

总序

就如同面的表达方式。这样学习者在阅读教材时，就如同看蒙太奇镜头一般，可以连续不断，可以跳跃，更可以自己剪辑组合，根据个人的问题或需要产生多种使用方式。

艺术设计教材的编写方法，可以从与其学科性质接近的建筑学教材中得到借鉴，许多教材为我们提供了示范文本与直接启迪。如顾大庆的教材《设计与视知觉》，对有关视觉思维与形式教育问题进行了探讨，在一种缜密的思辨和引证中，提供了一个具有可操作性的教学手册。如贾倍思在教材《型与现代主义》中以“形的构造”为基点，教学程序和由此产生创造性思维的关系是教材的重点，线索由互相关联的三部分同时组成，即理论、练习与构成原理。如瑞士苏黎世高等理工大学建筑学专业的教材，如同一本教学日志对作业的安排精确到了小时的层次。在具体叙述中，它以现代主义建筑的特征发展作为参照系，对革命性的空间构成作出了详尽的解读，其贡献在于对建筑设计过程的规律性研究及对形体作为设计手段的探索。又如陈志华教授写作于20世纪70年代末的那本著名的《外国建筑史19世纪以前》，已成为这一领域不可逾越的经典之作，我们很难想象在那个资料缺乏而又思想禁锢的时期，居然将一部外国建筑史写得如此炉火纯青，30年来外国建筑史资料大批出现，赴国外留学专攻的学者也不计其数，但人们似乎已无勇气再去试图接近它或进行重写。

我们可以认为，一部教材的编撰，基本上应具备诸如逻辑性、全面性、前瞻性、实验性等几个方面的要求。

逻辑性要求，包括内容的选择与编排具有叙述的合理性，条理清晰，秩序周密，大小概念之间的链接层次分明。虽然一些基本知识可以有多种不同的编排方法，然而不管哪种方法都应结构严谨、自成一体，都应生成一个独特的系统。最终使学习者能够建立起一种知识的网络关系，形成一种线性关系。

全面性要求，包括教材在进行相关理论阐释与知识介绍时，应体现全面性原则。固然教材可以有教师的个人观点，但就内容而言应将各种见解与解读方式，包括自己不同意的观点，包括当时正确而后来被历史证明是错误或过时的理论，都进行尽可能真实的罗列，并同时应考虑到种种理论形成的文化背景与时代语境。

前瞻性要求，包括教材的内容、论析案例、课题作业等都应具有一定的超前性，传授知识领域的前沿发展，而不是过多表述过时与滞后的经验。学生通过阅读与练习，可以使知识产生迁延性，掌握学习的方法，获得可持续发展的动力。同时一部教材发行后往往要使用若干年，虽然可以修订，但基本结构与内容已基本形成。因此，应预见到在若干年以内保持一定的先进性。

实验性要求，包括教材应具有某种不规定性，既成的经验、原理、规则应是一个开放的系统，是一个发展的过程，很多课题并没有确定的唯一解，应给学习者提供多种可能性实验的路径、多元化结果的可能性。问题、知识、方法可以显示出趣味性、戏剧性，能够激发学习者的探求欲望。它留给学习者思考的线索、探索的空间、尝试的可能及方法。

由合肥工业大学出版社出版的《高等院校应用型设计教育规划教材》，即是在当下对教材编写、出版、发行与应用情况，进行反思与总结而迈出的有力一步，它试图真正使教材成为教学之本，成为课程的本体的主导部分，从而在教材编写的新的起点上去推动艺术教育事业的发展。

邬烈炎

南京艺术学院设计学院院长　教授

目 录

CONTENT

目录

前言

Flash由于其高效的动画制作手段，受到越来越多动画人士的青睐。很多动画公司，已经把Flash作为其开发动画的平台。如韩国动画电影《美丽密语》即使用Flash创作。有这样一句话，“Flash可以满足一个人做导演的欲望”，客观上说明了Flash在动画制作方面的优势。在闲暇之时，在工作之余，将自己心中所想做成动画是一件非常有意思的事情。

Flash的应用非常广泛。早期定位于网络，到现在发展出数量庞大的闪客。在广告、电视动画、手机动画、手机游戏、MTV制作、贺卡制作都能找到Flash的身影。本书定位于Flash的角色动画，并逐步讲解短片制作的流程。

在FlashCS3中，用户可以导入Photoshop的PSD文件，并保留图层等内部信息。Photoshop中的文本在FlashCS3种仍然可以编辑，甚至可以指定发布时的设置。现在可以更方便地使用FlashCS3与其他各种软件进行协同配合工作。 FlashCS3可以和Illustrator完美地协同工作。通过综合的控制和设置，在FlashCS3中可以决定导入Illustrator文件中的哪些层、组或对象，以及如何导入它们。可以选择导入的Illustrator图层分别作为Flash的独立图层，还是合成一层，或者成为一个Flash的关键帧。有了这样的支持，Flash在图形图像处理方面有了更大的灵活性，给创作者更大的创作空间，丰富了制作效果。

本书从动画制作的各个流程为切入点，详尽地讲述了Flash动画制作的方法、技巧。如人物的绘制方法、背景的绘制手段、如何将传统动画与flash动画相结合等。讲解时循序渐进，从工具面板的讲解到动作的制作、背景的绘制，再到短片的规划制作。区别于一般的丛书，本书注重实例，使读者学习完之后可以快速地掌握动画制作的技巧。实例精美，并且将理论与实践相结合。

本书凝结了笔者大量的工作经验，力图在编写的同时，将最前沿的Flash制作技术教授给读者。读者可以注意学习本书的操作方式，经笔者的经验与测试，运用本书的操作方式可以极大地提高工作效率，减少失误。

在本书编写的过程中，感谢董慧同志的指导。感谢身边的朋友在工作上给予的大力支持。没有他们，也就没有本书的问世。

配套光盘内容包括本书的部分素材与实例。

徐　斌

2009年8月

第一章　Flash 角色动画基础

学习目标：

Flash角色动画基础包括Flash的基础操作、动画制作的基本流程等。其中优化Flash操作方式对于方便快捷的制作角色动画很有必要。Flash角色动画制作的基本流程既要与传统动画制作规律相结合又要将Flash相关功能的运用与之相结合。这样才能做出既方便、又有效果的动画来。

重点与难点：

1. Flash的基础操作与优化；
2. Flash中常用工具的使用技巧；
3. Flash角色动画制作的基本流程。

第一节　概述

Flash是一种创作工具，设计人员和开发人员可使用它来创建演示文稿、应用程序和其他允许用户交互的内容以及Flash角色动画影片制作。Flash 可以包含简单的动画、视频内容、复杂演示文稿和应用程序以及介于它们之间的任何内容。通常，使用Flash进行动画影片或短片的创作。本书则侧重于深入解析Flash角色动画制作技巧。

笔者认为学习Flash角色动画制作之前应该掌握以下技能：

具有较好的美术功底；

掌握一定的动画原画、动画运动规律知识；

如果想做复杂的动画，还应了解一些镜头知识，甚至要求掌握一些后期特效与合成、音频的采集与编辑等知识。

如果把Flash制作动画按制作方法分类，大致可以分为两大类：一是利用逐帧动画、动作补间动画和形状补间动画等基础动画技法来制作动画；二是基础动画技法配合动作脚本来生成动画。前者是商业Flash动画影片制作公司常用的动画制作技法。后者则是网络动画公司常采用制作方法。本书侧重于讲解逐帧动画、动作补间动画和形状补间动画等技法进行制作角色动画的技法。

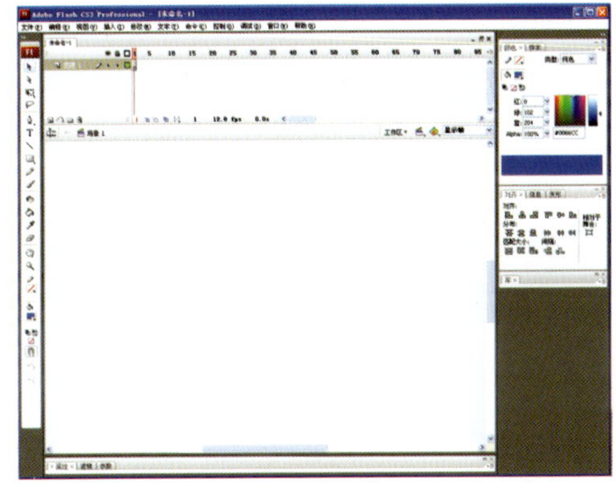

图 1-1

第二节　Flash CS3的界面

Flashcs3的默认工作界面如图1–1所示。主要包括菜单栏、工具箱、时间轴、色彩控制栏、动作及属性栏等。在本节中将重点讲解工具箱里的各种常用工具。

【菜单栏】

菜单栏中包括各类操作命令，同类命令包括在同一下拉菜单中，下拉菜单中命令如果显示为黑色，表示此命令目前为可用，如果显示为灰色，则表示此命令目前不可用（如图1–2所示）。

【色彩面板】

Flash色彩面板包括颜色（如图1–3）与样本（如图1–4），用于调色填充绘制对象的线条及块面色彩。两者不同的是前者（颜色）用于手动自定义调配色彩，并提供色彩类型（纯色、线形、放射状等）。后者（样本）是软件自身提供的色彩样式比较机械单调。

【提示】在制作角色动画时，一般采用混色器模式。便于手动自定义调配色彩，能够控制整个影片创作的色调及艺术风格。

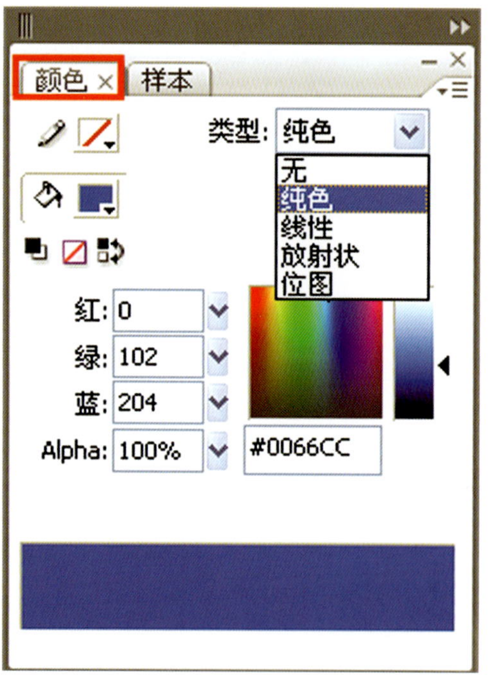

图 1–3

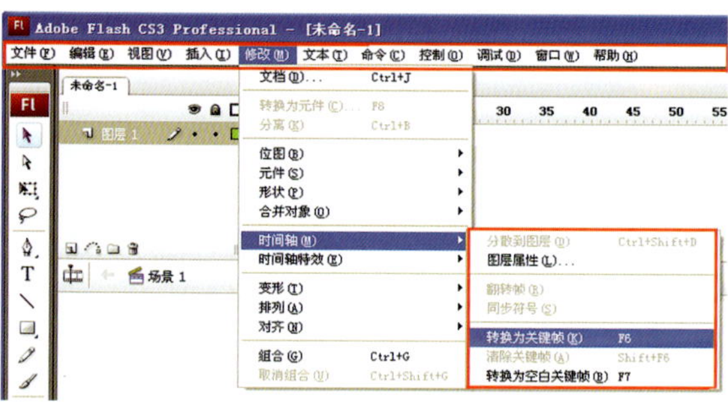

图 1–2

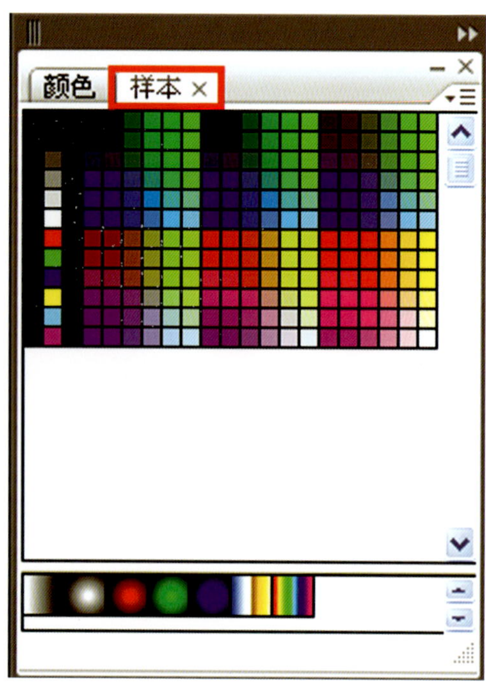

图 1–4

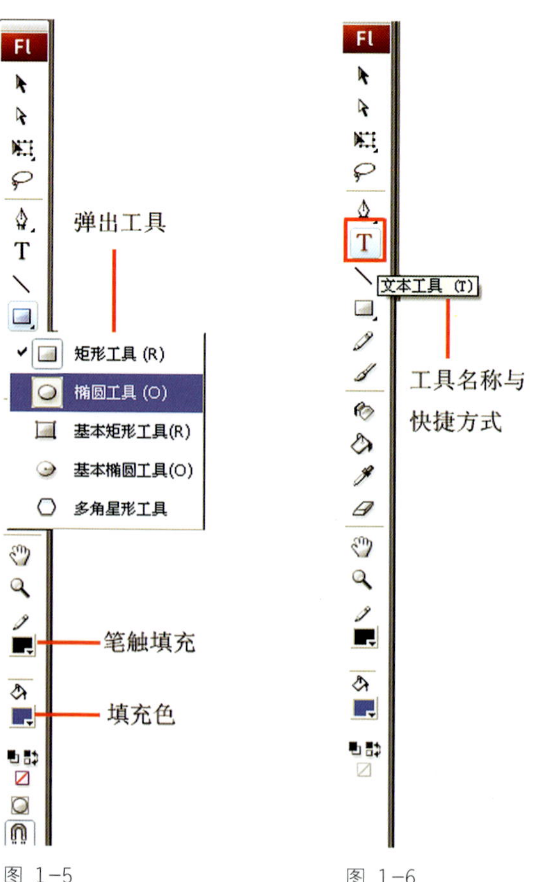

图 1–5

图 1–6

【工具箱】

Flash 的工具箱包含有各种操作工具,如各种选择工具、多种绘图工具、任意变形工具、笔触填充色彩与填充色工具等，如图（图1–5）所示。要使用工具箱的工具，用鼠标单击该工具按钮即可。如工具按钮右下方有黑色小三角，则表示该按钮中还有隐藏工具，用鼠标压住工具按钮，就可以弹出工具组中的其他工具进行切换。将鼠标移动到工具按钮上并稍停片刻，就会显示工具的名称，括号内的字母即为该工具的快捷键（如图1–6所示）。

选择工具：用来选择、调节形状、搬移工具区中的线条、色块或是对象（如图1–7，图1–8）。

节点工具：用来改变节点的位置及进行贝塞尔曲线的编辑（如图1–9）。

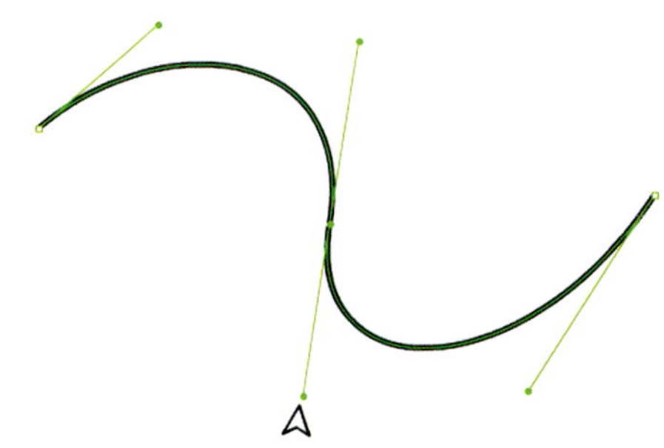

图 1–9

图 1–7

图 1–8

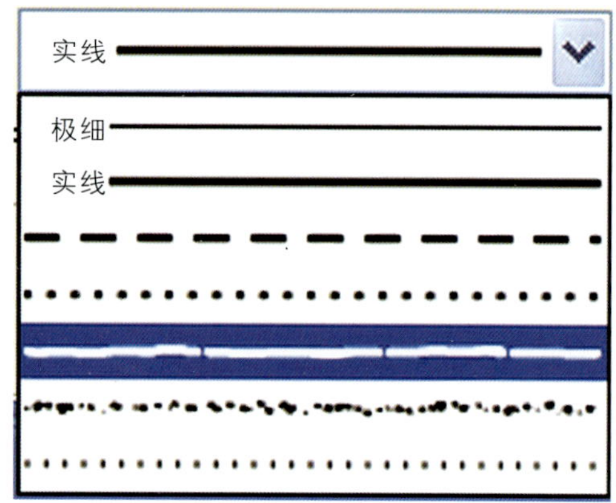

图 1-11

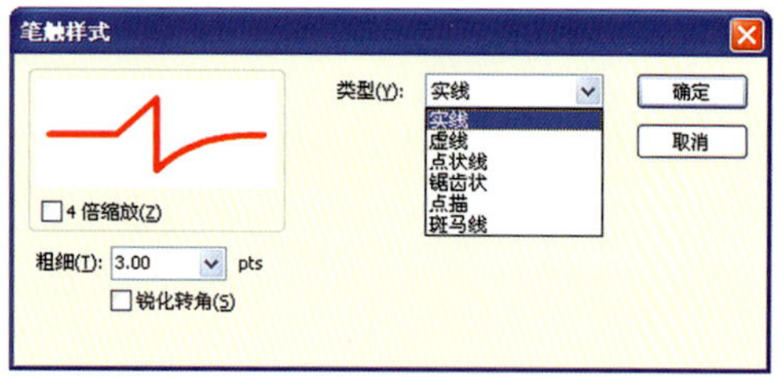

图 1-12

直线工具：用来画直线的工具。单击图标后，会在属性面板中显示出详细的选项（如图1–10）。图中标签1为选定颜色、标签2是设置线条的粗细、标签3是线条的固定样式（如图1–11）、标签4是使用者自己设计线条的样式（如图1–12）。

套索工具：用来选择同一颜色色块或同一条件色块的工具。单击后会在工具次级菜单中出现次选项（如图1–13）。

魔术棒工具，像魔术棒一样一点就可以对所点位置相同颜色的地方进行选取。

魔术棒选取的设置，包括颜色的差距阶层及平滑方式。多边形选择方式。

椭圆工具：画圆或椭圆的工具，按住【shift】键画出来的即为正圆形（如图1–14）。

矩形工具：画矩形、正方形及多边形的工具。按住【shift】键画出来的为正方形，使用次级弹出工具 绘制的为多边形（如图1–15）。

铅笔工具：画线的工具，单击该图标后会出现如下图所示的3种线条模式分别为伸直、平滑、墨水（如图1–16）。

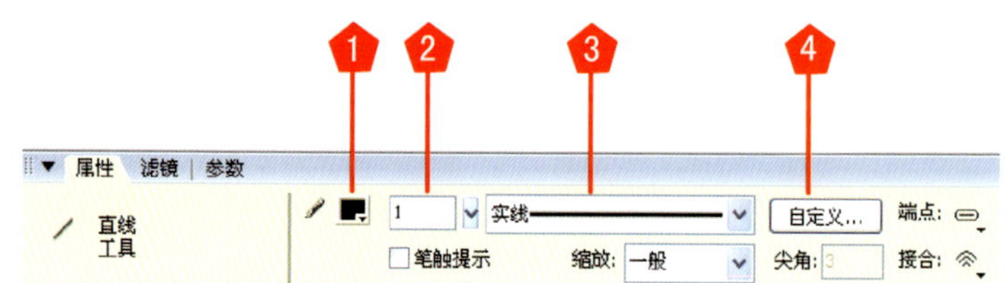

图 1-10

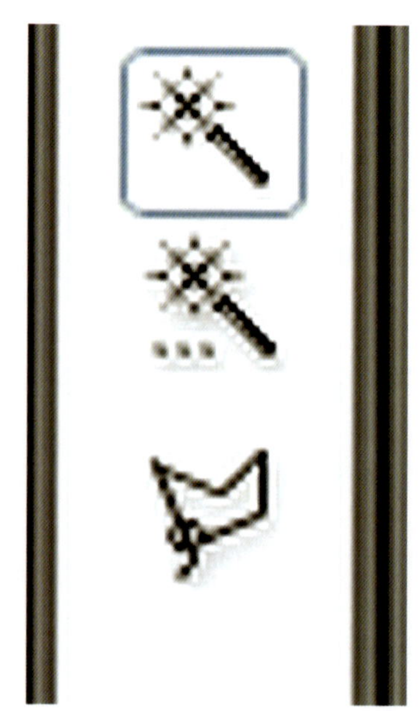

图 1-13

图 1-14

图 1-15

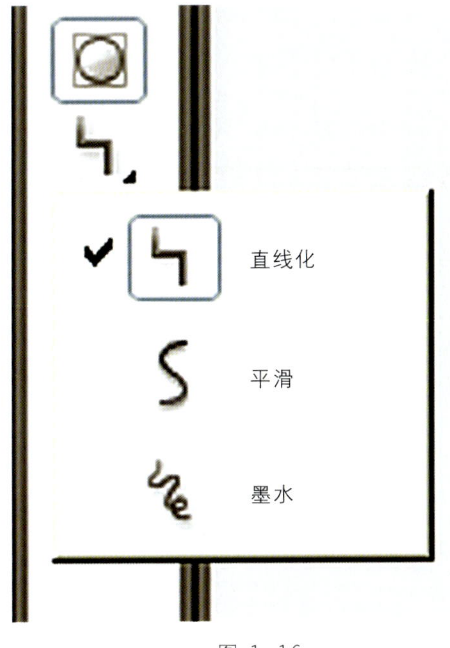

图 1-16

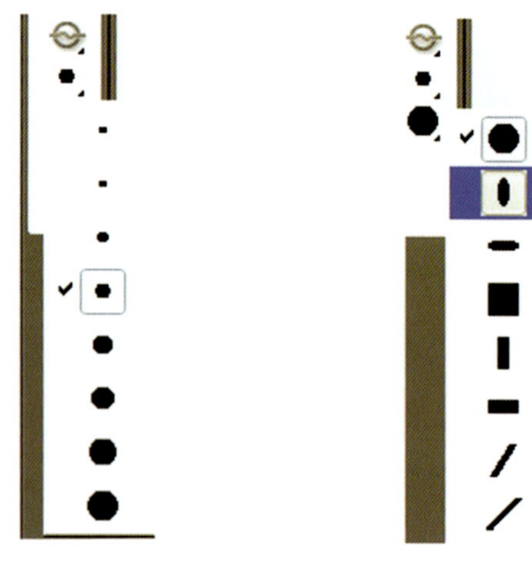

图 1-17

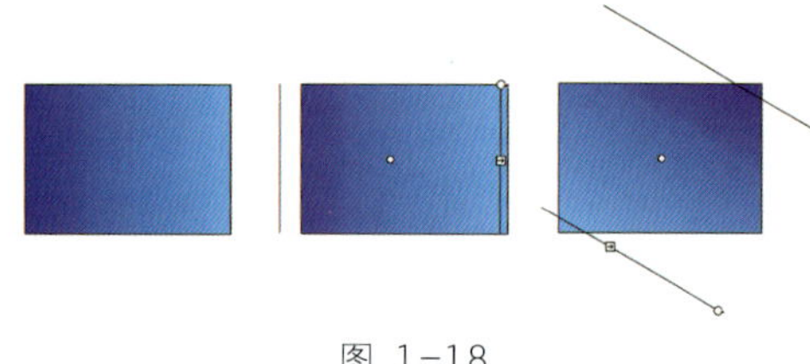

图 1-18

【提示】第一种直线化模式，画出来的线条会自动转化为直线。第二种平滑模式，会将你的线条自动装换为最接近的曲线。第三种墨水模式，此种模式会接近你按住鼠标左键拉出来的自由线条。一般制作角色动画往往采用第二种平滑模式进行绘制。

刷子工具：也称为笔刷工具，它能够绘制出画笔般的笔触，就好像涂色一样（如图1–17）。它可以绘制特殊效果，如书法效果。还可以根据笔的压力而笔画有粗有细，适合拿来做一些类似笔触或仿手绘的作品。

填充变形工具：也称渐变编辑工具，是用来编辑渐变色彩的方向的工具（如图1–18）。

滴管工具：也称选色工具，可以使用这个工具吸取任何色彩对象的颜色来填充其他的色块（如图1–19）。

颜料桶工具：它具有四种颜色填充模式，是根据线条间是否封闭及封闭大小而定的。单击图标后，会出现（如图1–20所示）的几种模式。

任意变形工具：能够对对象、组、元件或文本进行任意变形。可以单个执行变形操作，也可以将几个变形操作，如旋转、移动、缩放、扭曲和倾斜组合到一起操作（如图1–21所示）。

【提示】在变形期间，所选元素的中心会出现一个变形点。在变形操作期间移动变形点，所做的变形就是以这个点为中心变形，如图1–21所示。

橡皮擦工具：它能够擦除舞台上的笔触及填充。橡皮擦工具可以定义为只擦除笔触或只擦除填充区域等，形状可设定为方的或圆的，各有五种尺寸（如图1–22 ）。双击橡皮擦工具，可以删除舞台上的所有内容。

文本工具可以对文字字体、颜色、方向等进行详细的设置（如图1–23所示）。

在熟悉Flash cs3界面及掌握软件工具的基本操作之后，我们将进入Flash角色动画制作的基本流程的学习。

图 1-19

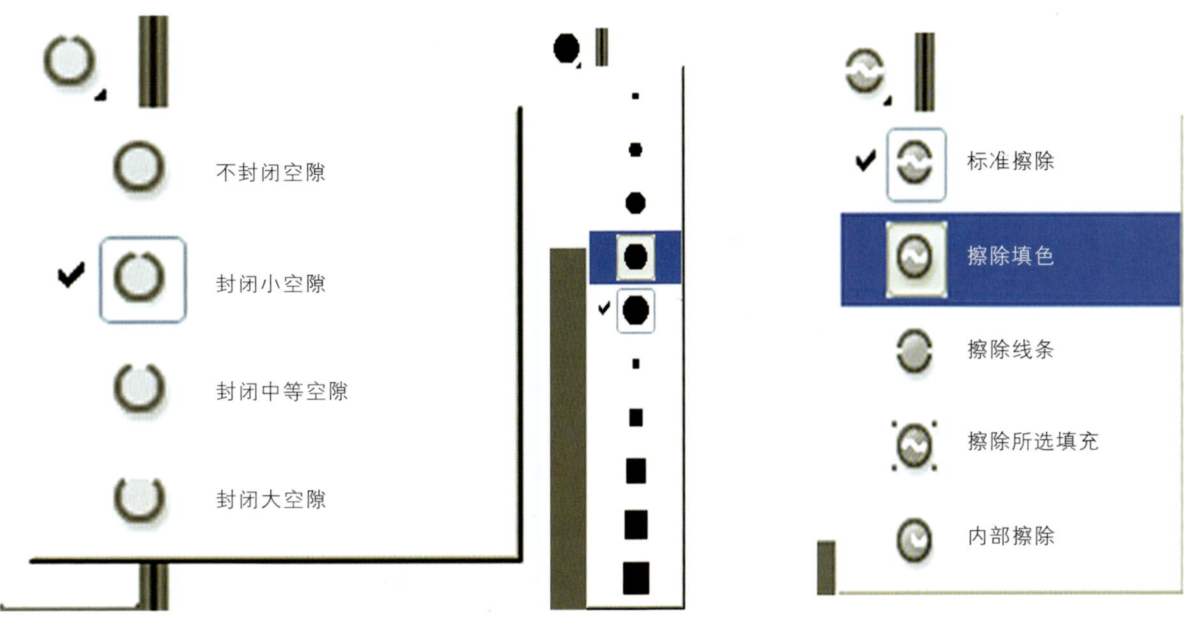

图 1-20

图 1-22

图 1-21

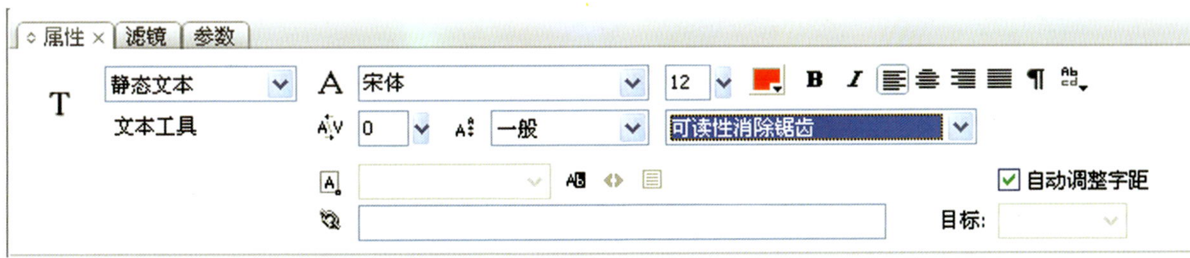

图 1-23

第二章　Flash 角色造型设计

学习目标：

在动画片中角色设计是很重要的工作。制作Flash角色，不仅需要造型设计的原理作为基础，更需要学习Flash角色造型的绘制技巧。最终达到熟练地运用Flash来表现角色造型的目的。

重点与难点：

1. Flash中混色器的使用；
2. 角色结构的把握；
3. Flash中各绘图工具结合使用。

第一节　Flash 人物眼型设计及表现方法

眼睛呈球状，并且嵌在眼眶里，绘画时更要时时记住眼睛是球状的。如图2−1提供眼球的结构。

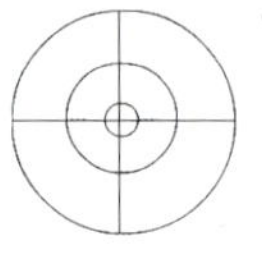
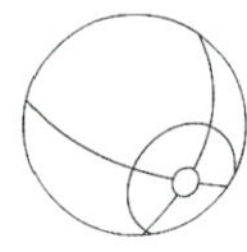
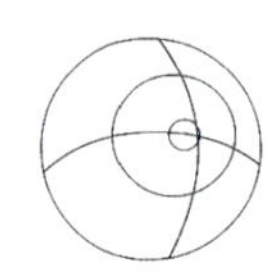
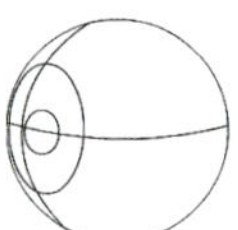
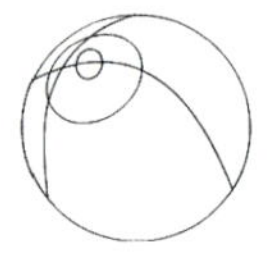
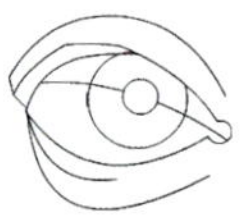

图 2−1

【制作思路及步骤】

巧妙地利用渐变颜色进行填充，再辅以高光等，Flash就可以绘制出非常漂亮的眼睛。

下面就在Flash中绘制眼睛的技巧向读者作以下演示。最终效果如图2−2所示。

图 2−2

文件参考第2章/2−1眼睛绘制/2−1眼睛完成.fla文件。

Step 1. 选取工具栏中的【铅笔工具】，并在选项中改成平滑模式 。在【属性】面板中将线条改为【极细】，绘制出眼睛的大体轮廓，如图2−3所示。

图 2−3

【提示】 将线条设置成【极细】模式，更有助于表现细节部分。

Step 2. 选择【颜料桶工具】，按【Shift+F9】打开【混色器】，将颜色调整为如图2−4所示。将所调颜色填充至如图2−5所示。

红: 57
绿: 40
蓝: 24
Alpha: 100%
#392818

图 2−4

图 2−5

Step 3. 将眼球的线选择，在【属性】面板中将线条粗细改为“3”。并将线条颜色改成与【Step 2】相同的颜色。

Step 4. 选择【颜料桶工具】，按【Shift+F9】打开【混色器】，将【类型】改为【放射状】，建立三个颜色，如图2-6所示。从左到右颜色的红、绿、蓝分别为：（255、204、0），（62、52、8），（62、52、8）。填充颜色并用【填充变形工具】将效果调整至如图2-7所示。

Step 5. 在眼球中用【椭圆工具】画出适当大小椭圆作眼珠，如图2-8所示。按【Shift+F9】打开【混色器】，将【类型】改为【放射状】，建立两个颜色，从左到右颜色的红、绿、蓝分别为：（20、14、1），（82、60、8）。将所调放射状颜色填充至眼珠，删除眼珠线条，并用【填充变形工具】将效果调整至如图2-9所示。

Step 6. 下面我们加入眼睛的高光。根据图2-10所示使用画出高光的形状，填充一个纯白颜色即可。

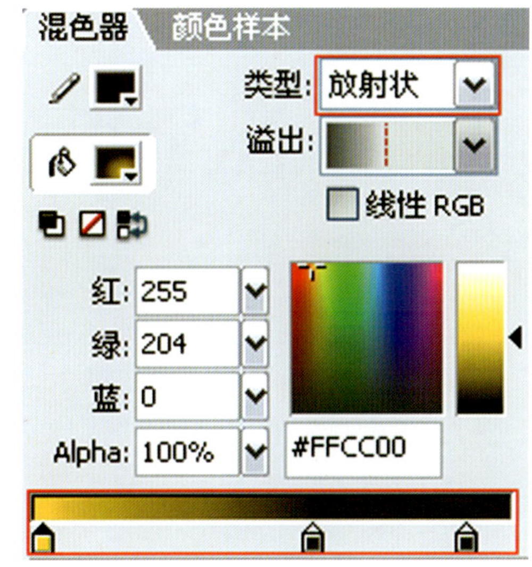

图 2-6

图 2-9

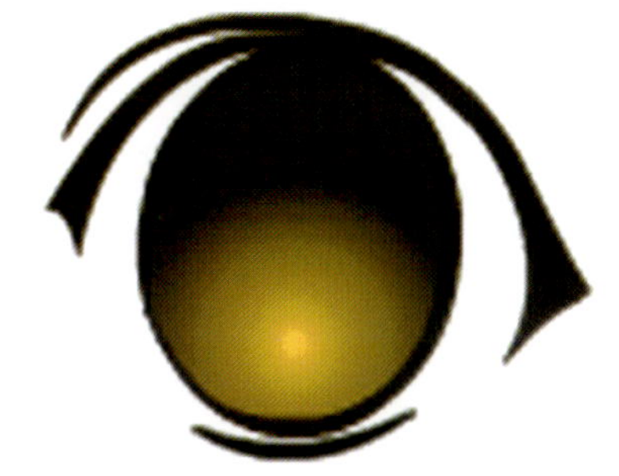

图 2-7

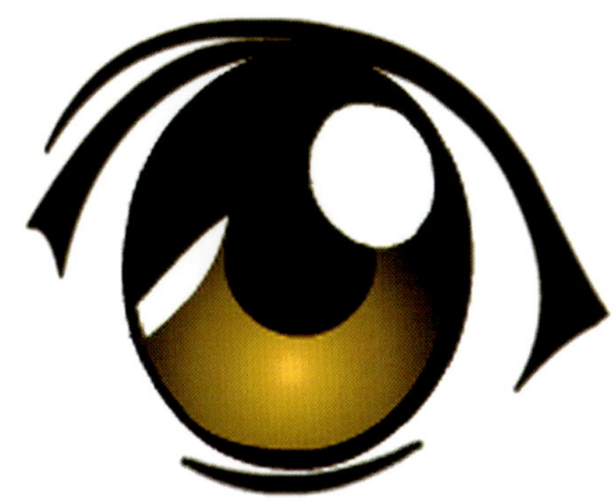

图 2-10

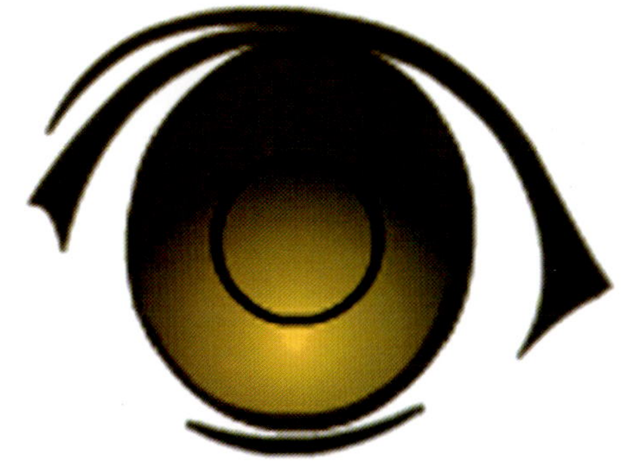

图 2-8

图 2-11

Step 7. 下面进行最后一步的修饰工作。画出如图2-11所示的形状。按【Shift+F9】打开【混色器】，将【类型】改为【放射状】，建立三个颜色，从左到右颜色的红、绿、蓝分别为：（255、253、249），（240、214、136），（115、93、0）。将所调放射状颜色填充至所画形状，删除线条，并用【填充变形工具】将效果调整至如图2-12所示。

图 2-12

上面提供了典型眼睛的画法，根据人物造型的风格及人物的性格，甚至是人物表型的变化，在动画中还有很多其他表现方式。需要注意的是，人物眼睛的变化和眉毛是息息相关的，如图2-13提供了一些常用的眼睛的画法。

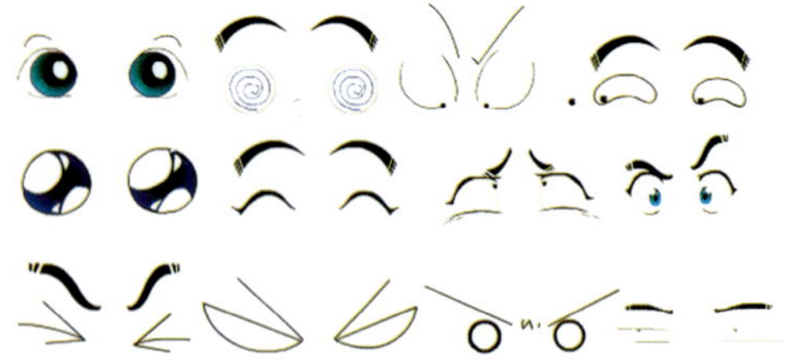

图 2-13

第二节　Flash 角色表现提高

上一节的例子为我们提供了一个思路，对于本节是一个基础。本节的例子相对复杂，身体的机构、衣服的褶皱也比较复杂。本节对于想使用Flash进行绘画的读者提供一个思路和具体方法。

【制作思路及步骤】

Flash中角色的绘画，不是想象中只要描线填色那么简单，涉及人物绘制出来动画的需要，需要将所绘制的图形进行分层、元件重组等。本节采用作者日常教学中的教案。请读者先看一下学生作业，也是希望读者学习完本节后可以达到的效果，如图2-14所示。

图 2-14

step 1. 人物脸型的绘制。在舞台中使用【铅笔工具】，线条颜色选取比肤色深一点的颜色，本案例采用的颜色红绿蓝分别为（136、36、60）。绘制出如图2-15所示的脸部外形。

Step 2. 再次使用【铅笔工具】，线条选取纯红色，画出脸部暗部轮廓，如图2-16所示。

【提示】使用纯红线条的是因为该颜色比较容易与其他颜色想区分，还有该部分线条在填充颜色后将被删除。在使用不同颜色后，只需要直接双击该纯红颜色，就可以直接将其全部选取。

Step3. 按【Shift+F9】调出混色器，将红绿蓝设置为皮肤的颜色，供读者参考的数值为（252、245、241）。使用【颜料桶工具】填充至头部亮部。如图2-17所示。

Step 4. 下面在混色器中调出暗部的颜色，供读者参考的数值为（252、245、241）。使用【颜料桶工具】填充至头部暗部，如图2-18所示。

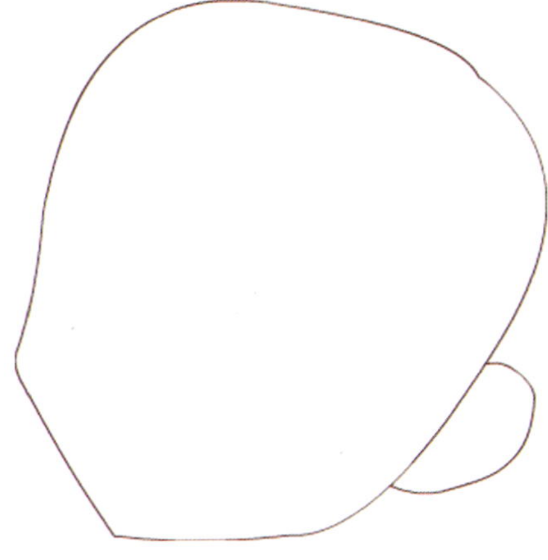

图 2-15

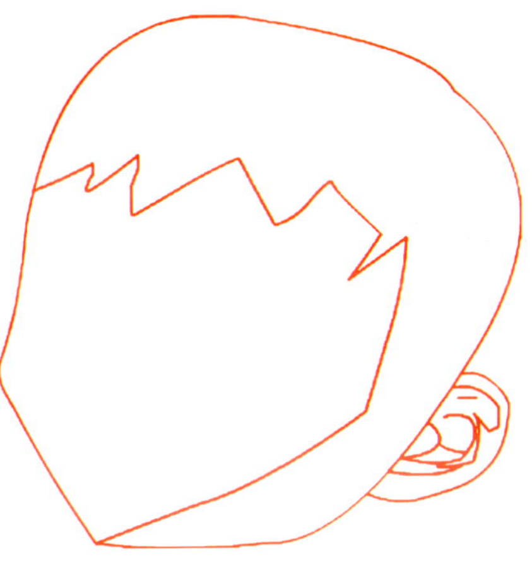

图 2-16

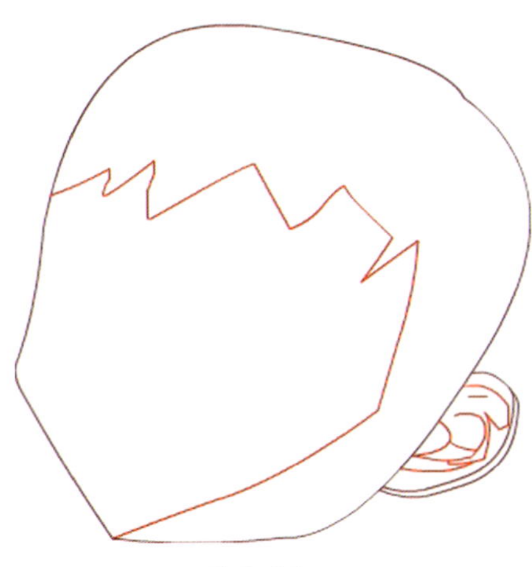

图 2-17

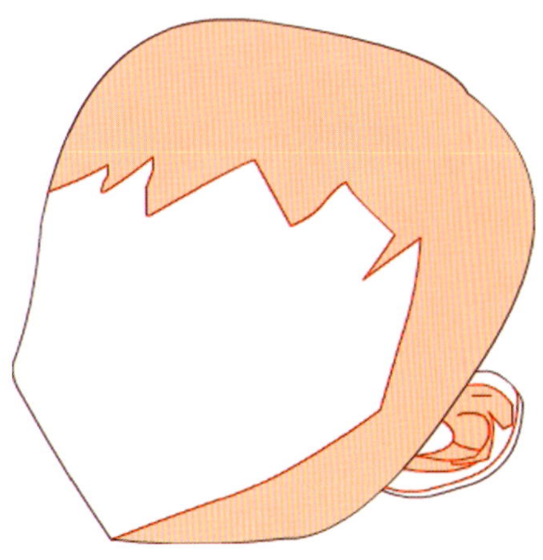

图 2-18

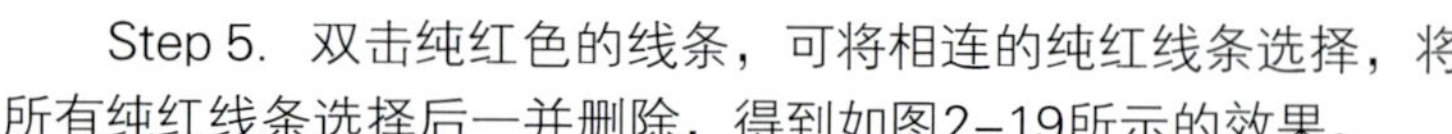

Step 5. 双击纯红色的线条，可将相连的纯红线条选择，将所有纯红线条选择后一并删除，得到如图2-19所示的效果。

Step 6. 框选该图形，按【Ctrl+F8】将其转成元件，名称为了便于记忆，可以命名为“头”，如图2-20所示。

Step 7. 不要选择任何物体，按【Ctrl+G】新建一个空组，按照效果图给出的形状，参照【2.1.1 Flash人物眼型设计及表现方法】给出绘制眼睛的方法，绘制出人物的眼睛，效果如图2-21所示。

Step 8. 不要选择任何物体，按【Ctrl+G】新建一个空组，在该空组中绘制出眉毛的形状。并填充颜色，如图2-22所示。

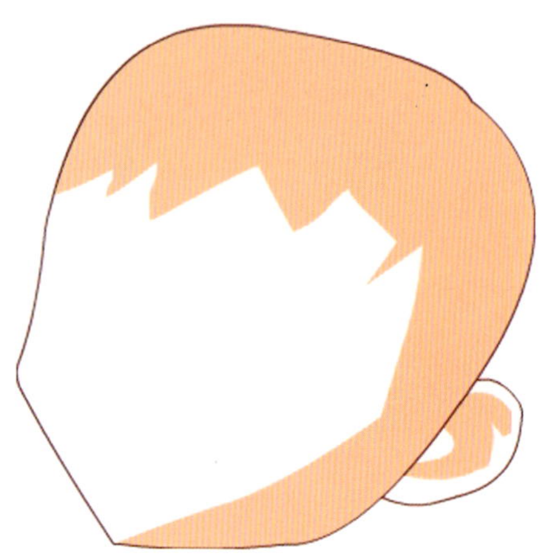

图 2-19

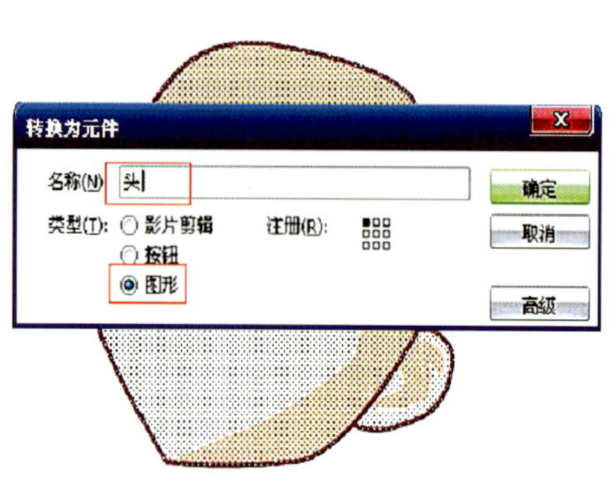

图 2-20

图 2-21

图 2-22

Step 9. 鼻子的绘制。使用【铅笔】工具画出鼻尖转折的线条，颜色使用比脸部轮廓稍亮的颜色。在混色器中调出一个比脸亮部颜色稍暗的颜色，使用【刷子工具】在鼻尖的旁边点一下，再稍微调整，得出如图2-23所示鼻子的效果。

Step 10. 嘴巴的绘制。使用【铅笔】工具画嘴巴的形状。注意在整个脸部透视与位置。之后填充颜色。如图2-24所示。嘴巴颜色红绿蓝参考颜色为（201、20、56）。

Step 11. 脖子的绘制。按【Ctrl+G】新建一个空组，在该空组中使用直线工具绘制处脖子的形状，如图2-25所示。注意脖子往上要超过下巴，往下要能被衣服遮住。

Step 12. 选取与头部暗部相同的颜色并填充至脖子。在空白处双击鼠标左键，退出组的编辑。选择脖子的组，按键盘上【Ctrl+↓】将脖子的上下关系移到脸下面。完成后如图2-26所示。

图 2-25

图 2-23

图 2-26

图 2-24

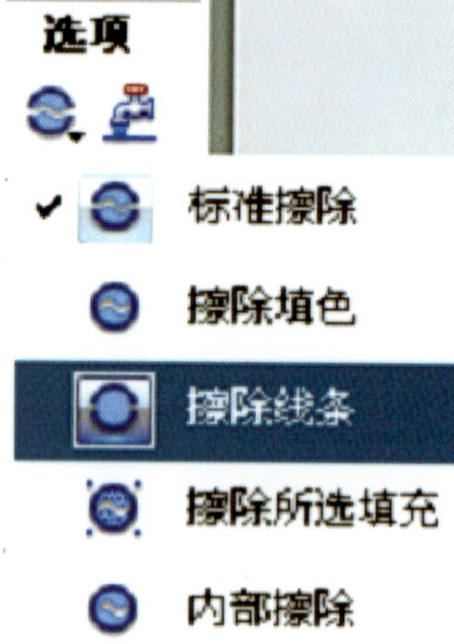

图 2-27

Step 13. 双击头的元件，进入头部的编辑界面。使用【橡皮擦工具】，在工具栏下方的【选项】中选取“擦除线条”，如图2-27所示。

Step 14. 使用橡皮擦擦除脸部与脖子相交的那部分线条。完成后如图2-28所示。

Step 15. 头发的绘制。在空白处双击鼠标左键，退出组的编辑。不要选择任何物体，按【Ctrl+G】新建一个空组，在该空组中绘制出头发的轮廓，如图2-29所示。这一过程要求读者细致、耐心。仔细揣摩头发的结构，根据结构来绘制。

【提示】对比最终效果图，被身体遮住的部分头发，形状只要封闭即可，无需过多考虑头发的结构及形状。

Step 16. 继续绘制出头发阴影及细节的部分。完成后如图2-30所示。

图 2-28

图 2-29

图 2-30

（可打开附书光盘中“第2章/2-2漂亮女生/ 2-2头发线稿.fla”文件作为参照。）

Step 17. 按照头发的素描关系，将头发的亮部暗部颜色分别填充上去。如图2-31所示，画圆圈的部分采用的线性渐变的方式。由于颜色较多，请读者参照图示的颜色自己进行配色。读者也可以尝试填充不同的颜色。

Step 18. 身体的绘制。在空白处双击鼠标左键，退出组的编辑。不要选择任何物体，按【Ctrl+G】新建一个空组，在该空组中绘制出头发的轮廓，如图2-32所示。在绘制的时候可以使用参考图，有绘画功底的读者也可以凭这对衣服结构褶皱的认识自己绘制。

图 2-31

图 2-32

Step 19. 继续深入身体细节的部分。将褶皱处暗部的形状绘制出来，如图2–33所示。

（可打开附书光盘中“第2章/2–2漂亮女生/ 2–2身体线稿.fla”文件作为参照。）

Step 20. 对于身体部分的填色有一些技巧。选择【颜料桶工具】，在工具栏下方的选项中有“锁定填充”的选项，如图2–34所示。

当“锁定填充”被打开时，第二块被填充的区域将延续第一块被填充区域的规律。当“锁定填充”被关闭时，两块填充区域互不相干，不受影响。具体见如下操作：

Step 21. 在【混色器】中，将颜色设置为“放射状”如图2–35所示，在下方的颜色滑块中设置3个颜色块，从左到右每个滑块颜色的红绿蓝分别为（247、235、249）、（232、208、242）、（175、128、182）。

图 2–34

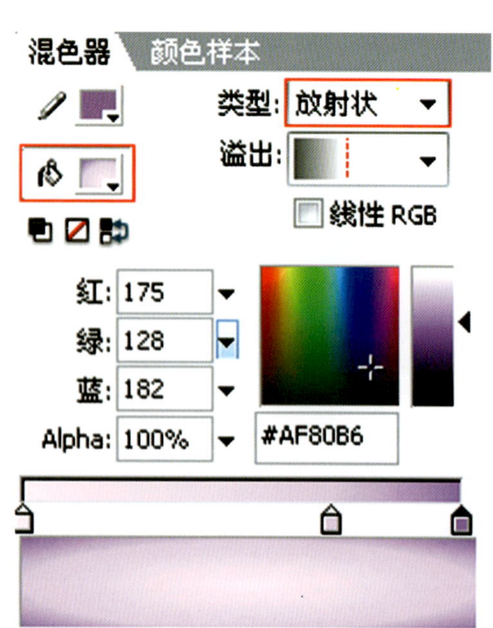

图 2–35

图 2–33

Step 22. 先将“锁定填充”的按钮取消，使用【颜料桶工具】填充衣领那部分被线条“割断”的区域，使用【填充变形工具】将填充效果调整至如图2-36所示。

Step 23. 再使用【颜料桶工具】填充右面那块颜色，记住使“锁定填充”被激活，填充完效果如图2-37所示。

将“锁定填充”取消，使用【颜料桶工具】继续往右填充，使用【填充变形工具】调整效果至如图2-38所示。

图 2-36

图 2-37

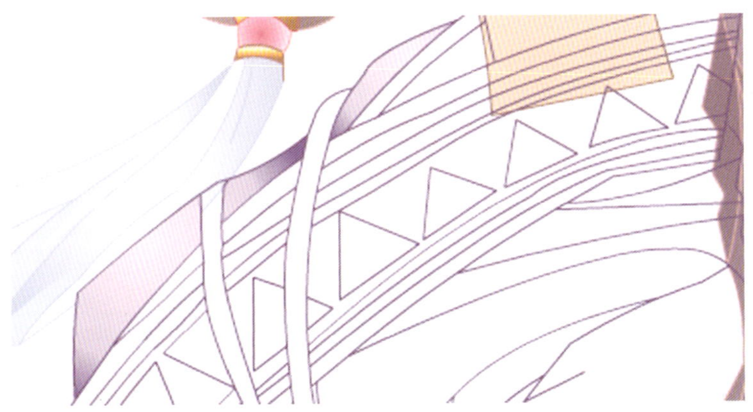

图 2-38

Step 24. 使用上述的方法，将衣服其他部分的颜色填充。完成后效果如图2-39所示。

Step 25. 使用将身体结构部分的线条保留，褶皱的部分线条删除,完成后效果如图2-40所示。请读者对比需要删除的线条有哪些。

Step 26. 手的绘制。不要选择任何物体，按【Ctrl+G】新建一个空组，在此空组中绘制出手的形状，为了更清晰地看清手的绘制，这里将其单独摘出，形状如图2-41所示。

Step 27. 手分别给上面的手和下面的手填充一块皮肤的颜色，注意的是下面的手由于受光影影响，会比上面的手偏暗，如图2-42所示。

图 2-39

图 2-40

图 2-41

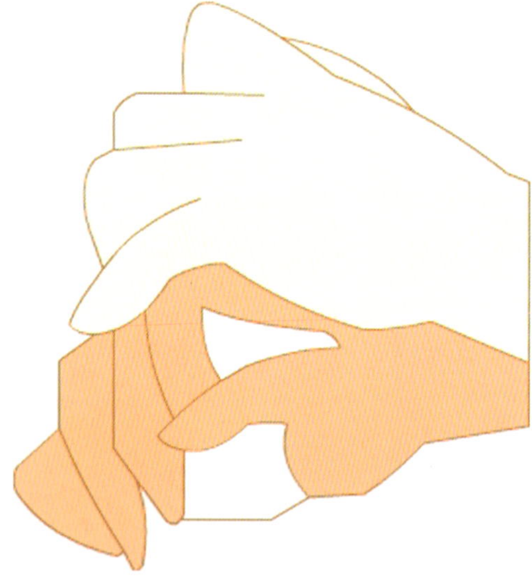

图 2-42

Step 28. 绘制出手暗部的线条。最好还是选用纯红的线条绘制，便于如后删除，如图2–43所示。

Step 29. 分别给上面手的暗部和下面手的暗部填充一个相对之前稍深的颜色，完成后将上面手的红色线条删除，如图2–44所示。

至此，人物部分的绘制完成，如果手的上下位置关系不对，可用【Ctrl+↑】调整其上下关系。

完成后如图2–45所示。

对于这个人物，我们可以给她加点背景适当修饰。

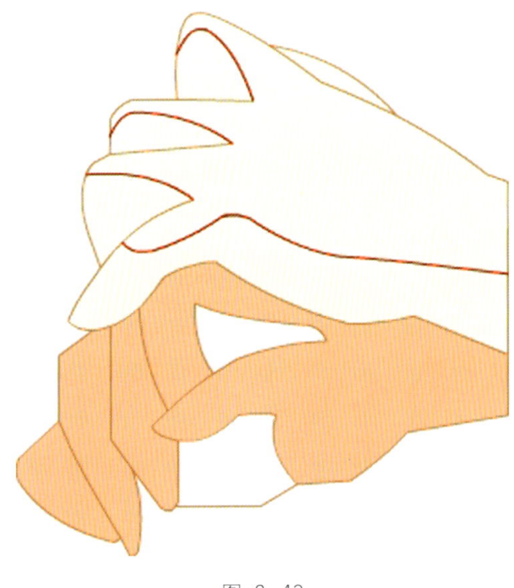

图 2–43

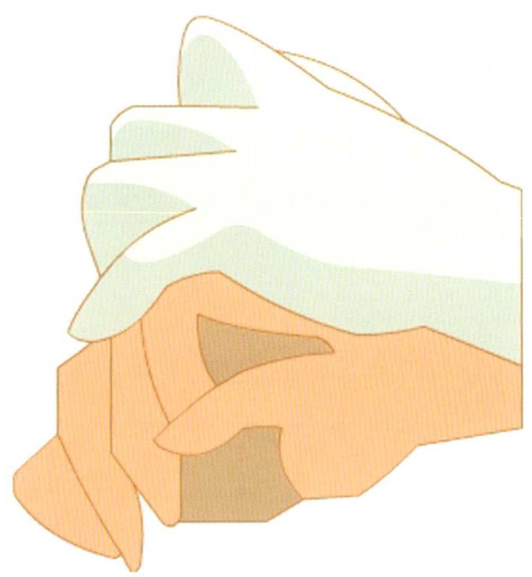

图 2–44

图 2–45

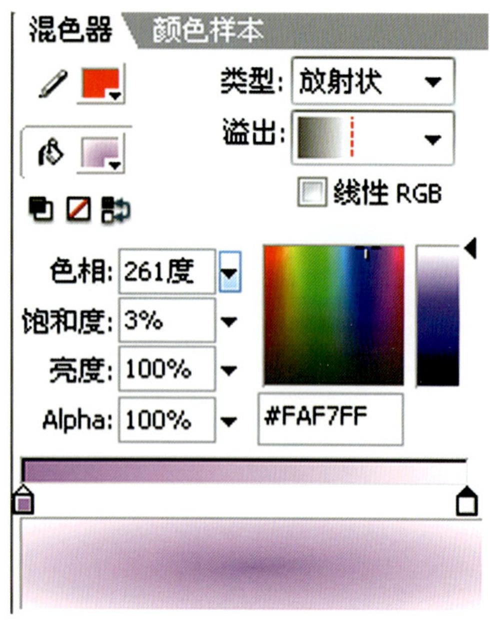

图 2-46

Step 29. 新建一个图层，放置于人物图层的下方。将人物图层锁定以防误操作。在新建的图层中使用矩形工具画出可以充满舞台的画面。在【混色器】中选取一个“放射状”颜色，如图2-46所示。色彩读者可以根据自己的兴趣调配。

将颜色填充至矩形框，效果如图2-47所示。

Step 30. 新建一个图层，放置于人物图层的上方。使用椭圆工具画出一个适当大小椭圆。填充色为白色。不要保留线条，选择此椭圆，使用如图2-48所示的菜单选项。

接着会跳出如图2-49所示对话框。

里面的数值选择为“20”，读者可以多试几个数值看看柔滑的效果。可以按照平面构成的原理将柔滑完了椭圆多复制几个，缩小或放大为不同的大小放置在人物的上面。读者也可以加入一些其他的效果，如图2-50所示。（可打开附书光盘中“第2章/2-2漂亮女生/ 2-2女孩完成.fla”文件作为参照。）

至此整个人物的绘制完成。希望读者通过这个例子的学习掌握人物绘制的技巧。同时注意将不同部位单独分成组或元件，对以后的动画制作有这重要的意义。

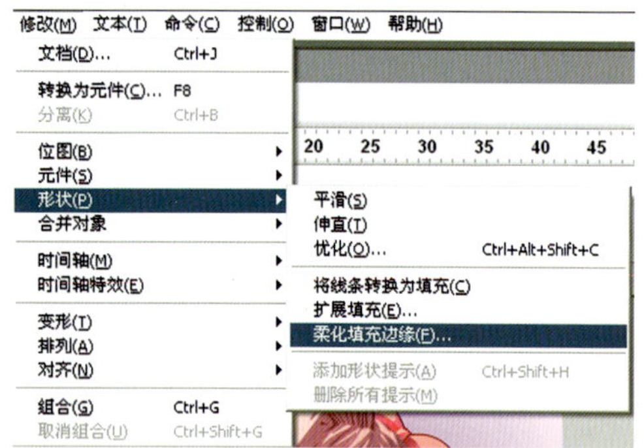

图 2-48

图 2-47

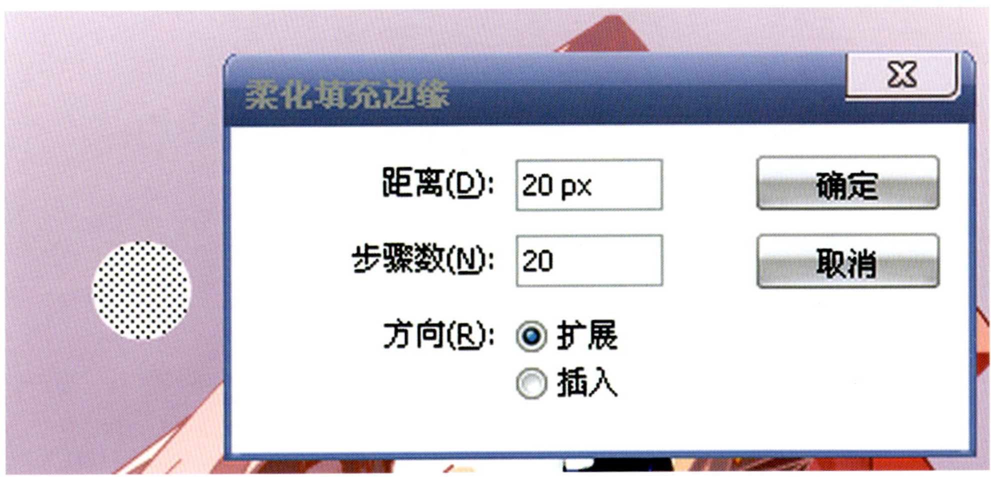

图 2-49

图 2-50

第三章 Flash 角色动画制作

图 3-2

学习目标：

Flash中角色动画包括角色的动作、表情的动画。制作Flash角色动画既要有传统动画中运动规律及表情原画绘制的基础，又要将Flash相关功能的运用与之相结合。这样才能做出既方便、又有效果的动画出来。

重点与难点：

1. 动画运动规律的基本概念；
2. 五官分层技巧；
3. 角色表情的夸张；
4. 补间动画的妙用；
5. 关键帧与补间动画的结合使用；
6. 走路、跑步的运动规律。

第一节 Flash 角色表情动画

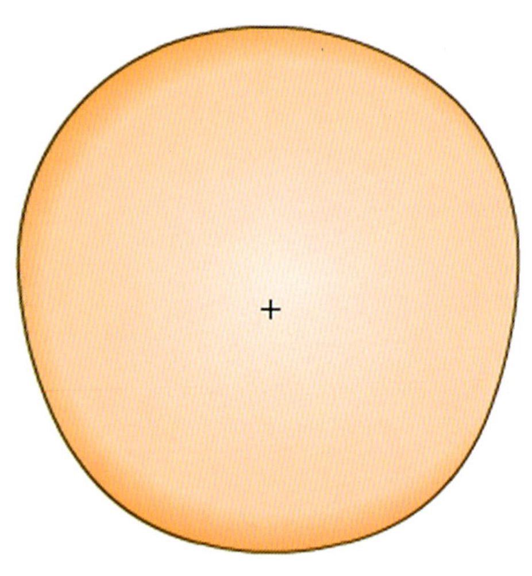

图 3-3

在制作角色动画之前，我们首先要了解角色表情的原理。

角色的表情变化是由情绪变化引起的，具体反应在眉、眼、嘴型的变化，配合脸部肌肉的变化，形成丰富多彩的角色表情。平时一定要多注意观察人物表情的变化。在平时练习的时候，无论是人物还是动物的表情，我们都可以抽象到一个圆圈脸蛋上。如图3-1提供最常用的表情。

首先我们从一个简单案例入手，亲自来感受Flash是如何方便地实现表情动画的制作。如图3-2，看我们是如何避开传统手绘动画中烦琐的逐帧绘画。

【制作思路及步骤】

Flash提供了非常实用的补间动画的功能。我们将要运动的五官全部作成元件，运用五官在头部位置的变化来模拟大笑时抬头低头的动作。同时赋予嘴大小变化的运动补间动画。

Step 1. 创建头部。按【Ctrl+G】插入一空组，在空组中绘制出头部的轮廓。填充色选择【放射状】模式，如图3-3所示。填

图 3-1

充效果如图3-4所示。色彩采用从右到左逐渐变亮的方式。填充色彩请读者根据自己的喜好选择。

Step 2. 在舞台空白出双击鼠标左键退出组编辑模式，选择组并按【F8】将组转换成图形元件，并重命名。（如图3-5）

【提示】在接下来创建每个元件的时候都使用Step 1、2的方式，这样可以有效地避免五官统一绘制完成后不易拆分的麻烦。

Step 3. 按照相同的方式创建出眼、眉、嘴、耳、脸部红晕的元件（如图3-6）。（填充色不一定都是“放射状”）

【提示】在绘制完所有元件后，在选择元件的前提下，可按【Ctrl+↑】将此元件的前后位置向前调，或按【Ctrl+↓】将此元件的前后位置向后调。

Step 4. 先在第9帧左右按【F5】或点鼠标右键选择【插入帧】插入普通帧。选择所有元件，按鼠标右键选择【分散到图层】，或按【Ctrl+shift+D】（如图3-7），图层效果如图3-8所示。

图 3-4

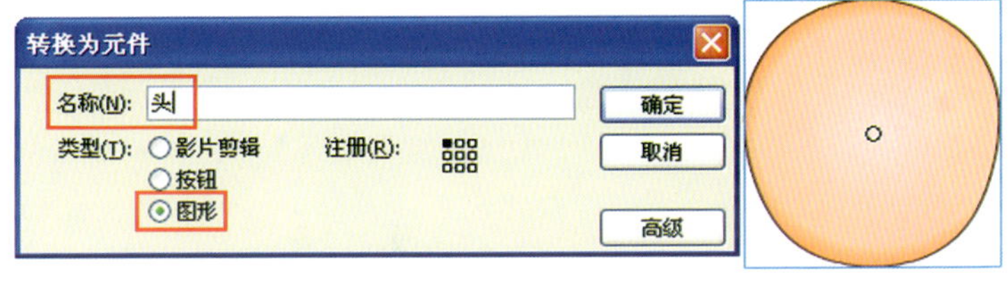

图 3-5

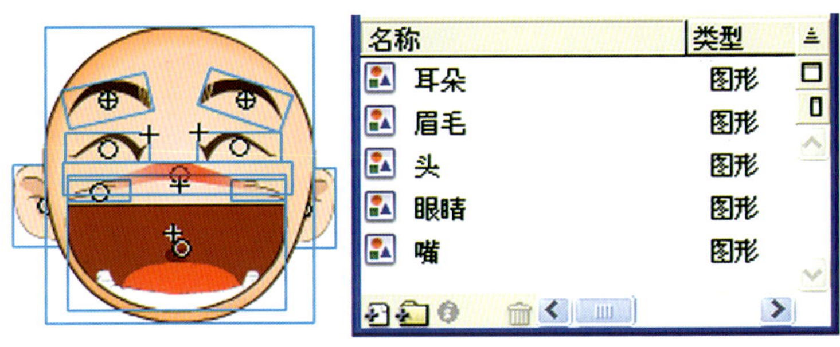

图 3-6

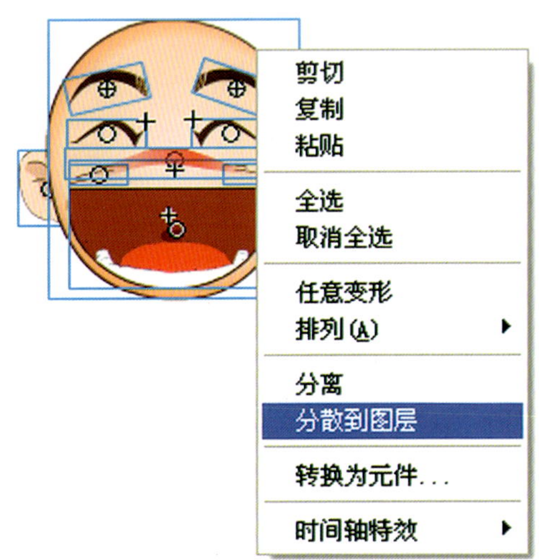

图 3-7

图 3-8

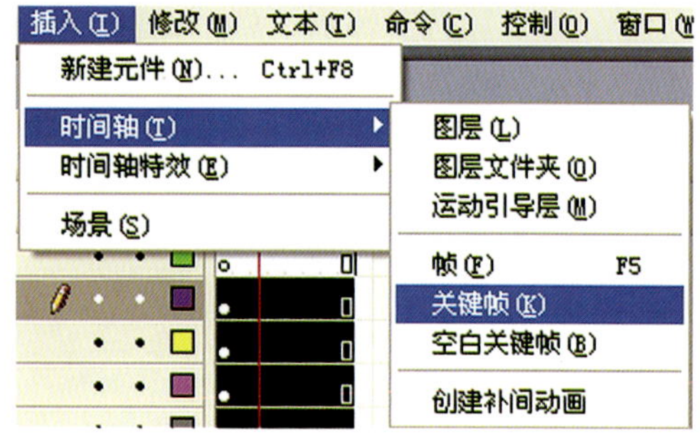

图 3-9

【提示】图层1为之前所有元件所在的图层，当选择【分散到图层】之后，图层1将被清空。

Step 5. 先把时间轴移到第3帧，按【Ctrl+A】全选，执行【插入】–【时间轴】–【关键帧】命令（如图3–9）。所有图层将在第3帧插入一个关键帧。

【提示】对于图层比较多的情况，使用这种方法可以有效地避免用鼠标拖曳图层带来的麻烦。

Step 6. 不要取消选择，按键盘【↑】键将所有元件向上移动适当位置。按住【Shift】键同时用鼠标左键点击元件“头”、“耳朵”（左右各一个），可取消该三个元件的选择。将剩余元件继续往上移动适当位置。并将嘴巴用【任意变形工具】适当放大。第3帧与第1帧位置关系如图3–10所示。

Step 7. 框选第1帧所有图层关键帧后松开鼠标，按住键盘【Alt】键将第1帧拖曳至第5帧。这样把第1帧的关键帧复制到第5帧处。

Step 8. 参照Step 5的方法，在第7帧处给所有图层插入一个关键帧。不要取消选择，按键盘【↑】键将所有元件向下移动适当位置。按住【Shift】键同时用鼠标左键点击元件“头”、“耳朵”（左右各一个），可取消该三个元件的选择。将剩余元件继续往下移动适当位置。并将嘴巴用【任意变形工具】适当压缩。第7帧与第5帧位置关系如图3–11所示。

Step 9. 参照Step 7的方法，将第1帧所有关键帧复制到第9帧，这样整个动画循环到第1帧。

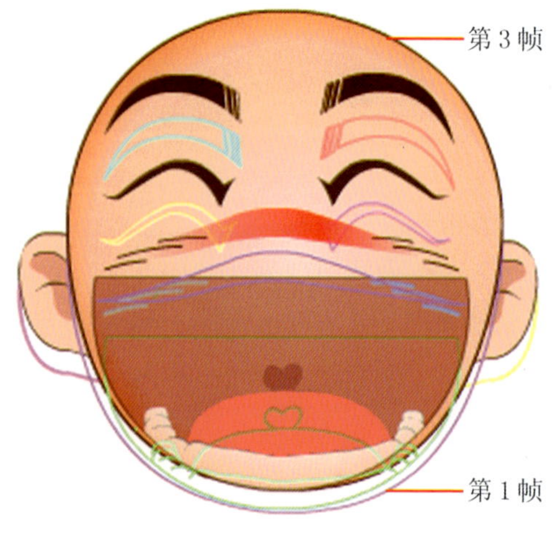

图 3-10

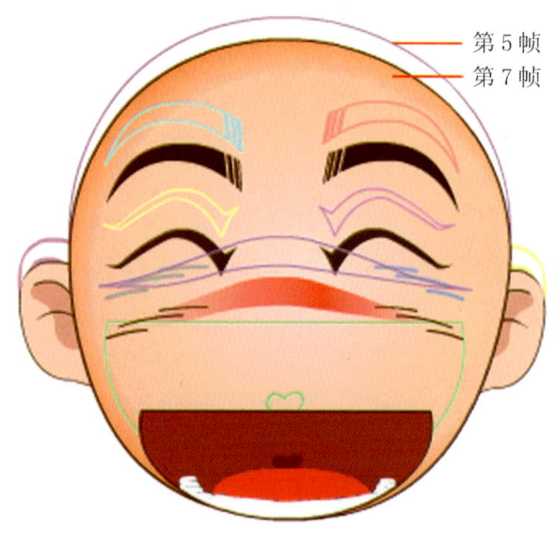

图 3-11

Step 10. 选择第1帧到第9帧所有图层帧，按【Ctrl+F3】打开属性面板，设置如图3–12所示。

【提示】对这个时候播放动画查看，会发现最后一帧会出现“卡”一帧的情况。这是因为第9帧与第1帧相同，因此多出来一帧的缘故。这个时候我们需要删除第9帧，但是第9帧此时正作为补间动画的关键帧，下面两个步骤我们将解决这一问题。

Step 11. 框选所有图层的第8帧。按【F6】或点击鼠标右键选择【转换成关键帧】。

Step 12. 将时间轴移到第9帧，不要选择任何帧，按【Shift+F5】可将第9帧所有图层关键帧整体删除。（或框选第9帧所有图层关键帧，点击鼠标右键选择【删除帧】）最终图层及帧关系如图3–13所示。

Step 13. 点击菜单【文件】–【保存】，命名为《大笑的一路》，按键盘【Ctrl+Enter】进行测试预览。

完成文件参考“第3章/3–1大笑的一路.fla”。

图 3–12

图 3–13

第二节 Flash 角色口型动画

对于角色动画而言离不开角色（人物）对白，因此就不可以回避口型动画的制作。我个人认为面部动画（表情动画）和口型动画还是一个不太确定的动画领域，口型动画本身就拥有丰富的表情变化（喜、怒、哀、乐）（如图3–14）。接下来让我们一起来感受Flash是如何方便地实现角色口型动画的制作（如图3–15）。

【制作思路及步骤】

Flash提供了非常实用的类似传统二维手绘动画的逐帧动画功能。首先绘制如图3–15的角色形象，然后将需要运动的五官全部作成元件，最后运用Flash逐帧动画功能制作人物的口型动画。

Step 1. 创建头部。按【Ctrl+G】插入一空组，在空组中绘制出头部的轮廓。填充色选择【 纯色 】模式（如图3–16）。填充效果（如图3–17）。

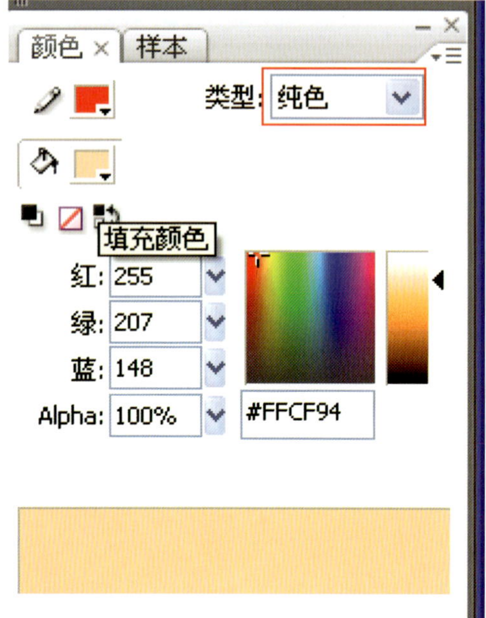
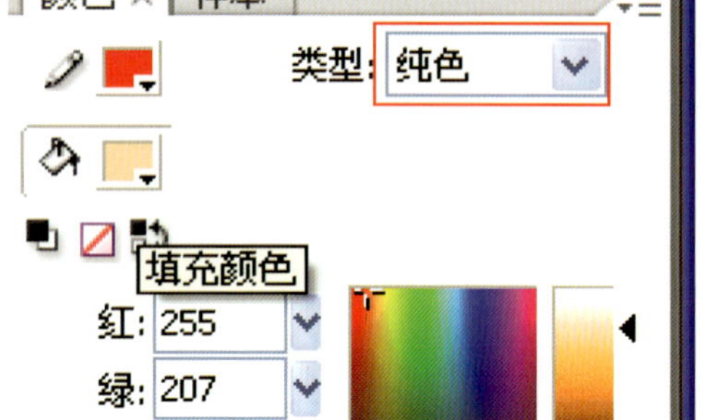

图 3–16

图 3–14

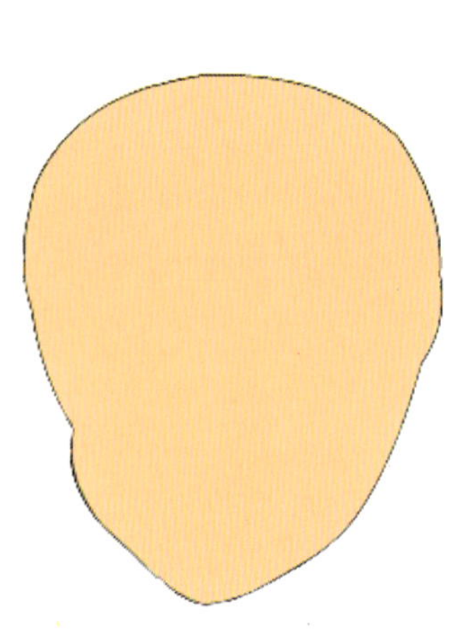

图 3–17

图 3–15

Step 2. 绘制角色面部阴影效果与鼻子。选择直线工具（快捷键N）与选择工具（快捷键V）（如图3–18）进行绘制调节，线条填充色选择与头部线条不同的任意颜色（如图3–19）。选择颜料桶工具（快捷键K）并根据面部的结构与明暗关系填充暗部与亮部的色彩（如图3–20）。

最后删除面部上的红色线条。

【提示】删除线条的简洁方法，使用选择工具双击鼠标左键，然后按【Ctrl+X】。

【提示】在绘制角色面部阴影效果中的红色线条轮廓时，在线条结构衔接处必须确定是封闭的。因为颜料桶工具无法填充未封闭的轮廓线。

Step 3. 在舞台空白处双击鼠标左键退出组编辑模式，选择组并按【F8】将组转换成图形元件，并重命名（如图3–21）。

【提示】在接下来创建每个元件的时候都使用Step 1、2、3的方式，这样可以有效地避免五官统一绘制完成后不易拆分的麻烦。

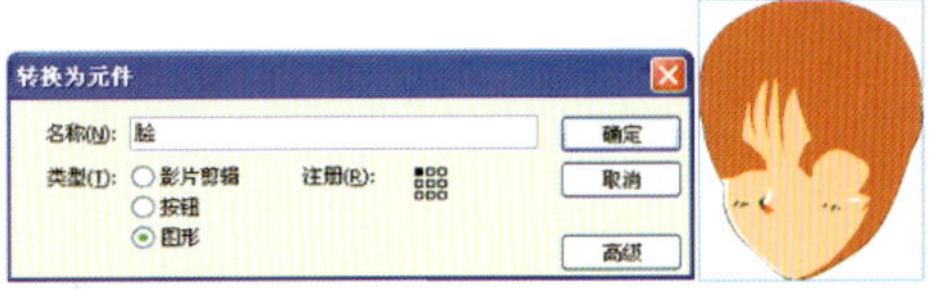

图 3–21

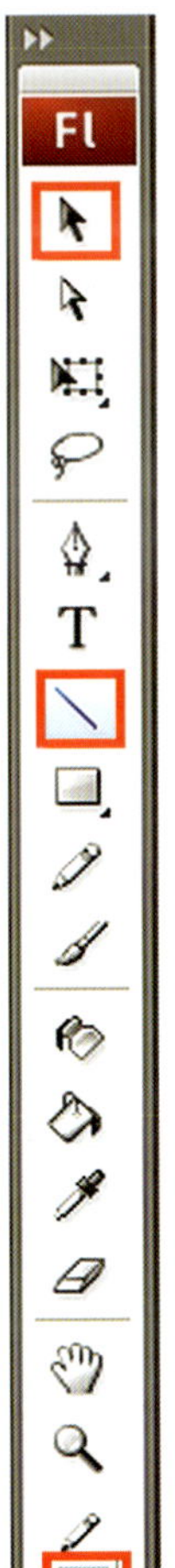

图 3–18

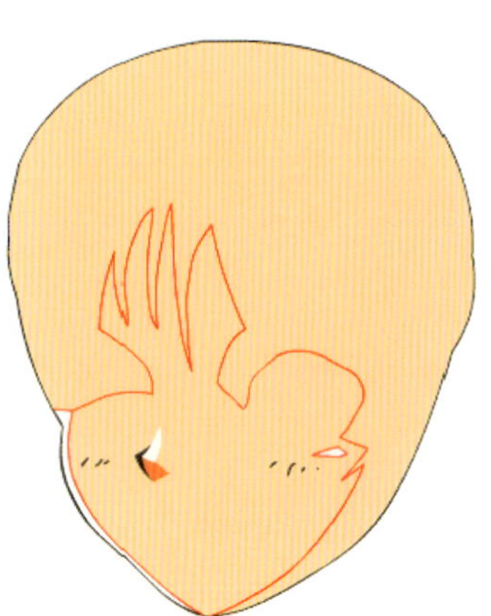

图 3–19

图 3–20

Step 4. 按照相同的方式创建出肩部的元件（如图3–22）。

【提示】在绘制完所有元件后，在选择元件的前提下，可按【Ctrl+↑】将此元件的前后位置向前调，或按【Ctrl+↓】将此元件的前后位置向后调。

Step5. 绘制角色眼睛，眼睛是心灵的窗口，可以说是动画角色内心活动的外在表现。眼睛本身也包含了丰富的表情变化，可以表现角色不同的性格，因此眼睛的表现方法是具有多样性（如图3–23）。接下来我们就运用flash进行眼睛元件的制作。

Step 6. 绘制眼睛的上眼睑和睫毛。按【Ctrl+G】插入一空组，使用直线工具（快捷键N）及选择工具（快捷键V）进行绘制，线条属性设定为实线粗细为1色彩为黑色。然后绘制眼睑和睫毛单线形状（如图3–24）。

Step7. 将线条转化为填充。全选眼睑和睫毛单线形状，将线条粗细设定为4（如图3–25）。然后执行【修改】–【形状】–【将线条转换为填充】命令，然后使用选择工具进行调节（如图3–26）。

图 3–24

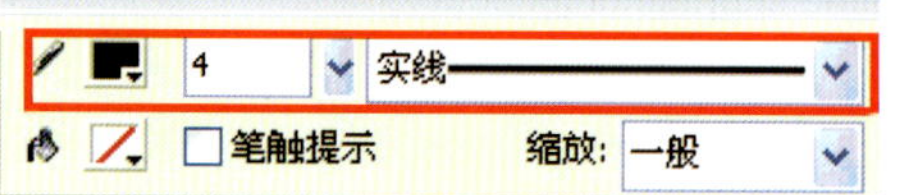

图 3–25

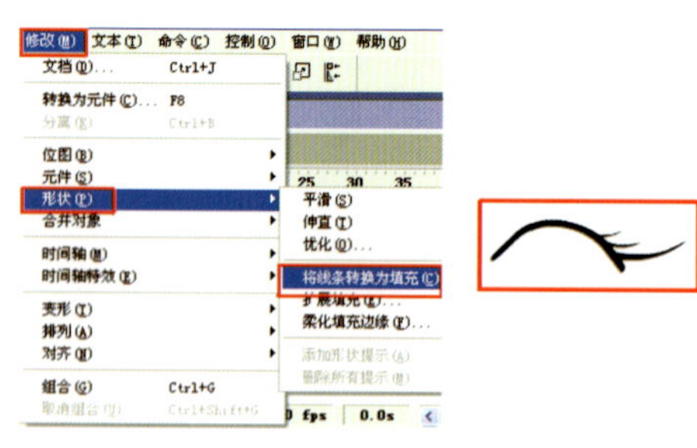

图 3–26

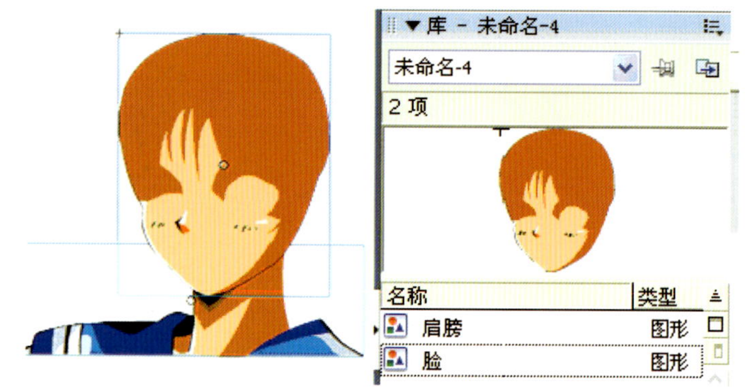

图 3–22

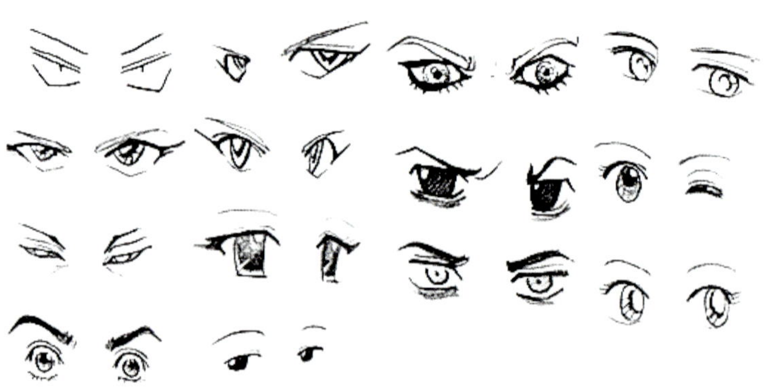

图 3–23

Step 8. 调整眼睛组件。按照相同的方式创建出眼皮、眼珠、下眼睑、眼白的组（如图3–27）。然后将所有的组转换为一个元件命名为“右眼”。最后按相同方法绘制出“左眼”，角色眼睛元件就绘制结束了（如图3–28）。

【提示】将线条转换为填充，是使用Flash软件绘制角色形象的一项关键技术。希望读者熟练掌握并能够灵活运用。

Step 9. 用Step 3、4、5的方式分别绘制头发（前发、后发）、眉毛、嘴巴元件（元件类型为图形）（如图3–29）。

Step 10. 先在第10帧左右按【F5】或点鼠标右键选择【插入帧】插入普通帧。选择所有元件，按鼠标右键选择【分散到图层】，或按【Ctrl+shift+D】（如图3–30），图层效果（如图3–31所示）。

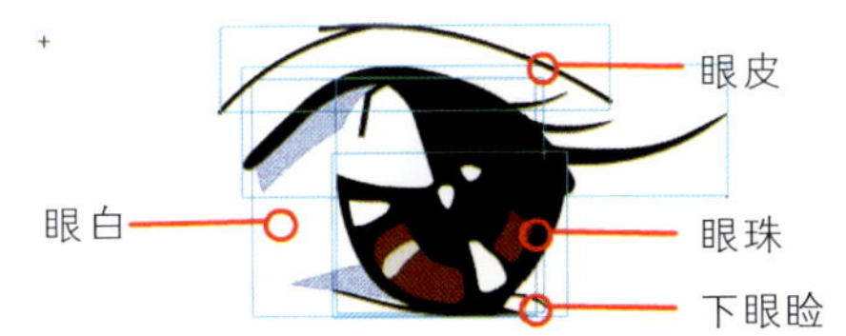

图 3–27

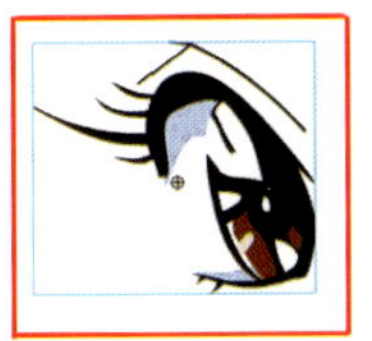

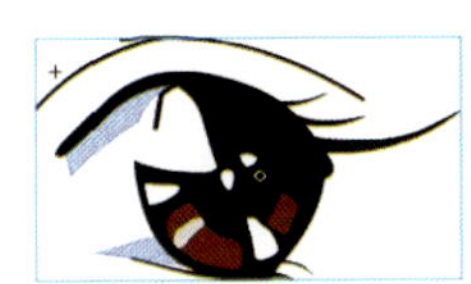

图 3–28

图 3–30

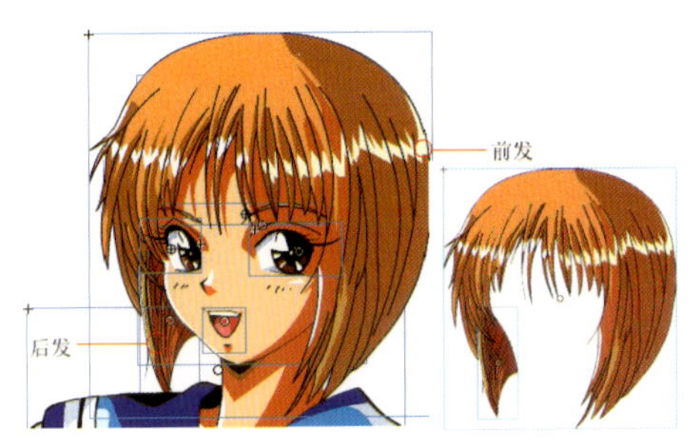

图 3–29

图 3–31

Step 11. 制作角色口型关键动画，为了便于操作，首先点击图层上方的 解锁工具，锁住除了“嘴巴”图层的其他图层（如图3-32）。使用放大镜工具对嘴巴进行放大（快捷键Z，缩小按住Alt键）。选择“嘴巴”元件点击鼠标右键编辑元件【在当前位置编辑】（如图3-33），或者双击鼠标左键进行编辑。在时间轴的第7帧处插入空白关键帧并绘制闭合的嘴巴（如图3-34）。

【提示】第1帧与第7帧画面在传统二维动画中称为原画，（一个连续动作中的关键画面）。因此要求这两张画面要力求造型准确优美，符合动画（动作）的一般规律。

Step 12 绘制角色口型中间画，首先点击图层下方的洋葱皮工具，使它的影响范围作用于第1帧与第7帧之间。在时间轴的第4帧处插入空白关键帧并绘制中间画（如图3-35）。按照同样方法绘制第2帧与第5帧中间画。然后回到场景选择“嘴巴元件”在属性栏中选择第一帧播放、循环（如图3-36）。最后测试影片。

【提示】第2帧在第1帧与第4帧的中间，第5帧在第4帧与第7帧的中间。对于中间画的加法希望读者能够举一反三。元件的属性可以根据剧情的需要调节成循环、单帧、播放一次，帧数可以选择从动作的任意一帧播放。如在学习中遇到问题可参考附书光盘中“第3章/3-2 可爱的美少女口型动画.fla”源文件）。

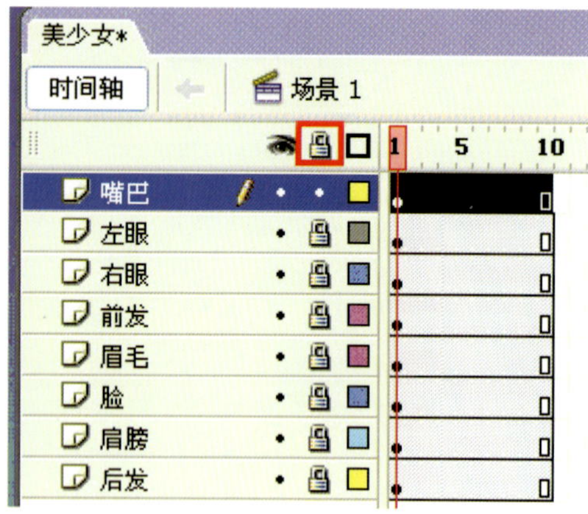

图 3-32

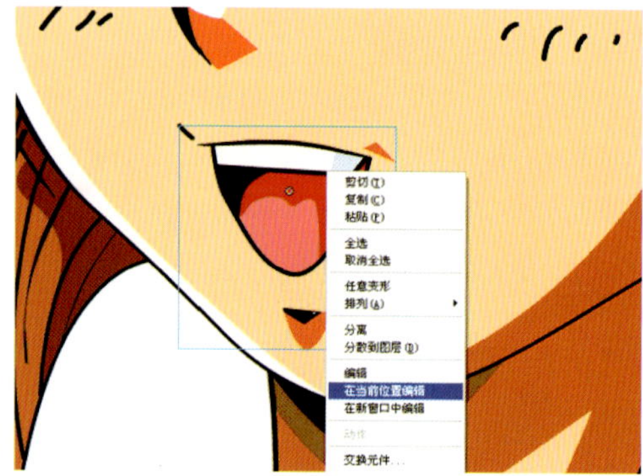

图 3-33

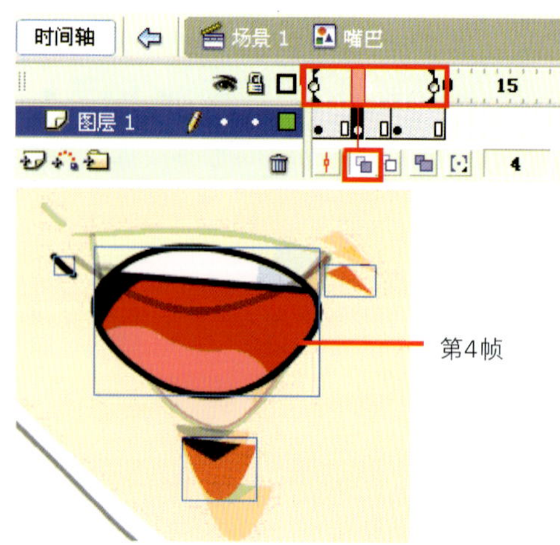

图 3-35

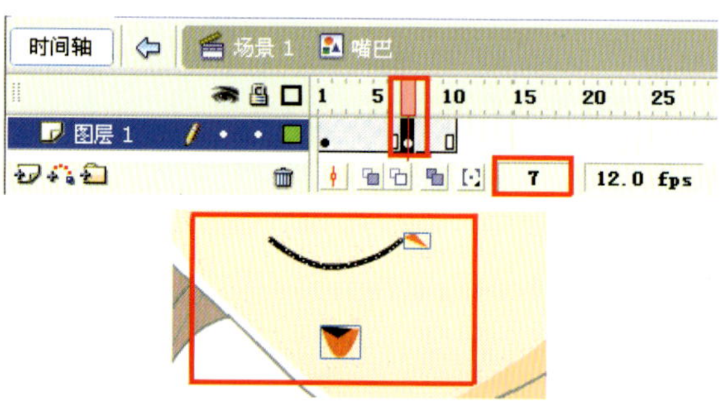

图 3-34

图 3-36

第三节 Q版角色动作设计

这个例子巧妙地将走路、跑步、跳的运动规律与Flash补间动画相结合。走路采用正面走，跑步采用侧面跑。当然这种方法比较适合Q版卡通人物。写实型角色还是需要采用传统动画中根据运动规律逐帧绘画的方法。形象如图3–37所示。

一、Flash Q版角色正面走

走路是动画制作中最常用到的动作。走路可以反映出角色的性格特点，因此在设计的时候要根据角色的性格来设计。

【制作思路及步骤】

首先这个动画还是要遵循走路运动规律原理:左右两脚交替向前，带动躯干朝前运动。为了保持身体的平衡，配合两条腿的跨步，上肢的双臂就需要前后摆动。人在走路时为了保持重心，总是一腿支撑，另一腿才能提起跨步。因此，在走路动作的过程中，头顶的高低必然成波浪状。当迈出步子双脚着地时，头顶就略低，当一脚支地另一只脚抬起朝前弯曲时，头顶就略高。还要注意一下脚与地面的关系。

打开附书光盘中“第3章/3–3Q版角色动作设计/3–3–1小猪正面走元件.fla”文件。

Step 1. 打开后元件拆分如图3–38所示（每一个蓝框内代表一个元件）。

Step 2. 修改每个元件中心点。新建元件的中心点会在元件的四角或者中心。全部使用默认的话，以后做成补间动画可能会出错。而且我们需要将部分元件的轴心点移动到根部，如胳膊的元件我们需要把它的中心点移动到上臂根部，这样利于我们调动画。利用【任意变形工具】将所有元件的中心点移动到如图3–39所示。

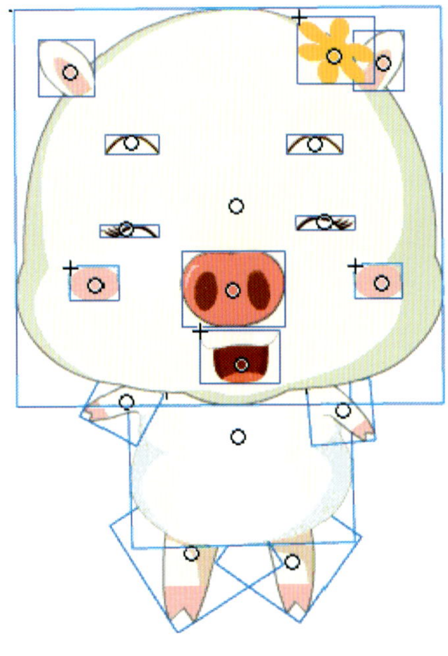

图 3–38

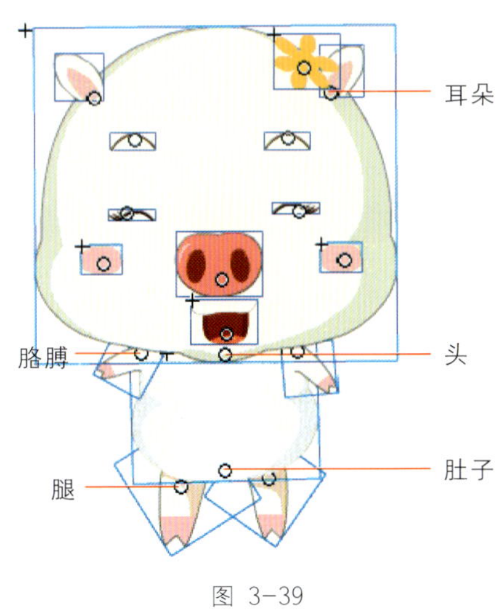

图 3–39

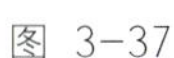

图 3–37

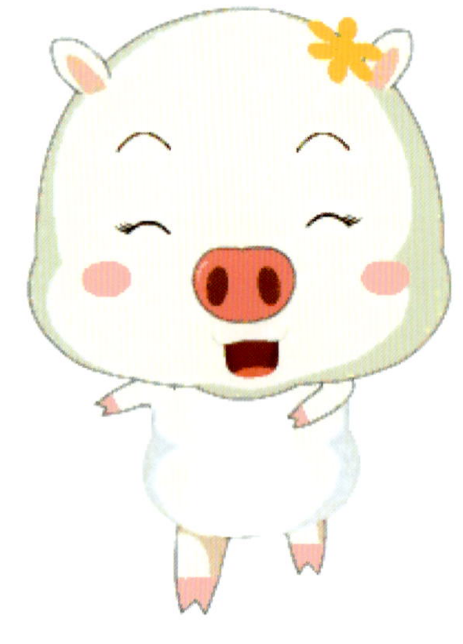

【提示】请将耳朵、头、胳膊、腿、肚子的轴心点按照图示调整到位。其他元件的中心点最好将其稍微改动一点。

请务必在调动画之前将轴心点移动到正确的位置。一旦做成补间动画，在调解轴心点的话，动作一定会出错。

Step 3. 按【Ctrl+A】全选，按【F8】或点击鼠标右键选择【转换为元件】，设置如图3–40所示。

Step 4. 双击元件“小猪正面走”进入元件编辑模式，先在第13帧左右按【F5】或点鼠标右键选择【插入帧】插入普通帧。

Step 5. 选择所有元件，按鼠标右键选择【分散到图层】，或按【Ctrl+shift+D】将所有元件分散到各个图层。

Step 6. 使用【任意变形工具】将小猪调整成如图3–41所示的状态。

Step 7. 新建一图层放于图层最上层。使用线条工具画出地面和头顶的水平线，如图3–42所示。

Step 8. 在此图层上点击鼠标右键，选择【引导层】，如图3–43所示。

【提示】在将图层设为引导层后是为了放置参考线，在退出元件或导出影片的时候，引导层内的内容不会显示。

Step 9. 将时间轴移动到第4帧，选择小猪的所有元件。执行【插入】–【时间轴】–【关键帧】命令。这样，所有图层将在第4帧插入一个关键帧。

图 3–41

图 3–42

转换为元件
名称(N):
小猪正面走
类型(T):
影片剪辑
按钮
图形
注册(R):
确定
取消
高级

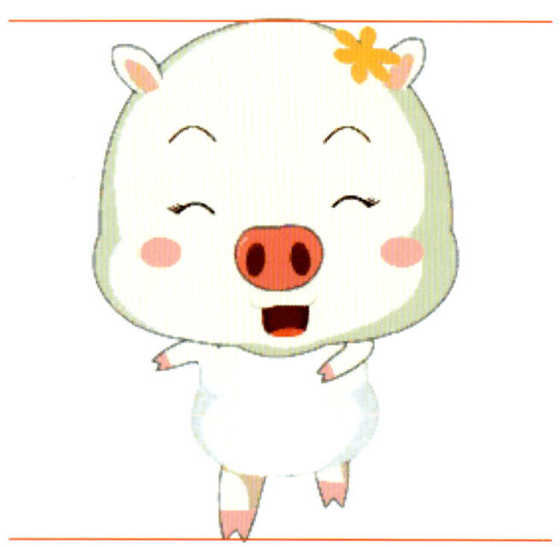

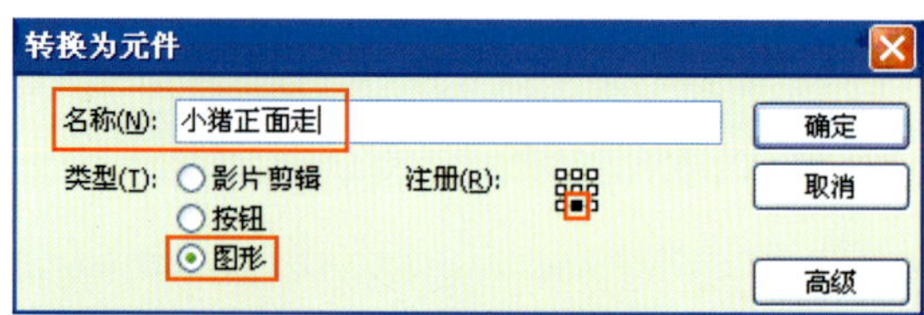

图 3–40

图层 1
67679
图层 5
图层 7
图层 8
图层 9
87098
87098
显示全部
锁定其他图层
隐藏其他图层
插入图层
删除图层
引导层
添加引导层

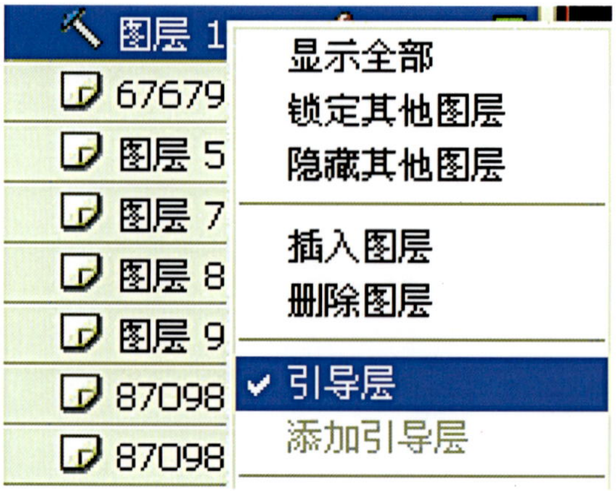

图 3–43

Step 10. 将第4帧元件作如下调整：选择除双腿以外的元件，将之向下稍微移动；双手分别逆时针旋转到差不多垂直于地面的位置；右腿适当缩小、左腿适当放大；双耳向里旋转适当角度；五官适当下移。第4帧与第1帧关系如图3–44所示。

Step 11. 解除引导层锁定，在里面将现在头部的定点位置也用参考线标出，之后锁定。这样做与之相对应关键帧的时候好有个参考。

Step 12. 将除引导层外的所有图层在第7帧插入关键帧。并作如下调整：选择除双腿以外的元件，将之向上移动至第一帧的高度；右腿适当缩小、左腿适当放大，产生左腿在前、右腿在后的效果；双耳旋转至第1帧的角度；五官适当上移。第7帧与第4帧关系如图3–45所示。

【提示】这一步非常关键。请读者对照图示仔细调整。之前修改元件轴心点的作用将在这里体现。注意学习作者的操作方式，采取由整体到局部的方法。另外要特别注意脚底不要超过地平线。

Step 13. 框选第4帧所有图层关键帧后松开鼠标，按住键盘【Alt】键将第4帧拖拽至第10帧。这样把第4帧的关键帧复制到第10帧处。同样方法将第1帧所有关键帧复制至第13帧处。

图 3–44

图 3–45

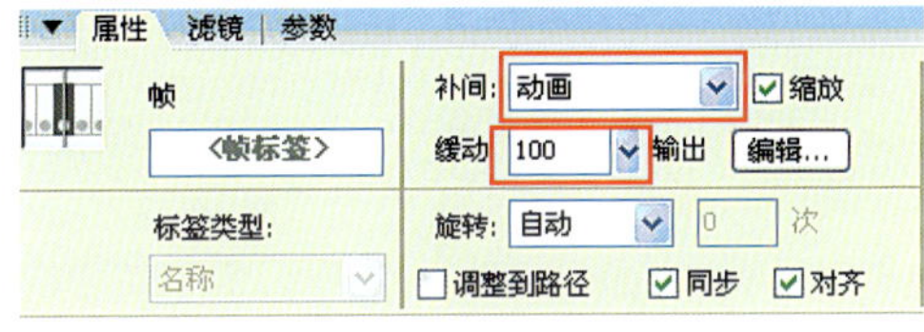

图 3–46

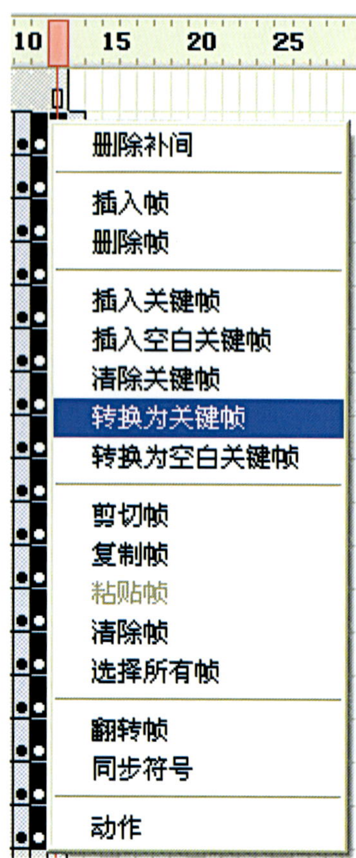

图 3-47

图 3-48

Step 14. 框选除引导层外所有图层的第1帧到第13帧，按【Ctrl+F3】打开属性面板，设置如图3-46所示。

【提示】将“缓动”设置成“100”是一个减速的过程，是为了让走路更加生动有力。

这样这个动画的框架完成。我们还需要进行适当调整。这个例子中，小猪是一个可爱的形象。为了增强这样感觉，我们可以在动作上再下些工夫。

Step 15. 使用【任意变形工具】将第4帧、第10帧中小猪的肚子向下压扁、左右拉宽，这样小猪就有肉肉的感觉，非常可爱。另外将这两帧嘴巴都适当变小，又会多出一些效果。

【提示】读者在制作的时候可以充分发挥自己的想象，把更丰富的变化加进去。在作人物动作的时候，一定要充分考虑人物的性格特点，这样才能做出令人信服、具有表演性的动画。

这样时候我们播放动画察看，小猪已经明显“活”了起来。但是和本章第1节情况类似，最后一帧和第一帧相同，出现重合帧的情况。我们仍然使用以前的方法解决这一问题。

Step 16. 框选除引导层以外的所有图层的第10–13帧。按【F6】或点击鼠标右键选择【转换成关键帧】，如图3-47所示。

Step 17. 将时间轴移到第13帧，不要选择任何帧，按【Shift+F5】可将第13帧所有图层关键帧整体删除。最终图层及帧关系如图3-48所示。

Step 18. 在舞台空白处双击鼠标左键退出元件编辑模式。把时间轴移动到第10帧，并按【F6】在第10帧插入一关键帧。

Step 19. 将第10帧处元件适当放大并向下移动适当位置，在选择第1–10帧中任意一帧，按【Ctrl+F3】打开属性面板，如图3-49设置。

这样，一个活泼可爱的小猪向前走的动画就制作完成。读者会不会觉得惊讶，因为用如此简单的方法就可以制作出这么富有表现力的动画。

读者可以用同样的方法将侧面走的动画制作出来。

完成文件参考附书光盘中“第3章/3-3Q版角色动作设计/3-3-1小猪正面走完成.fla”文件。

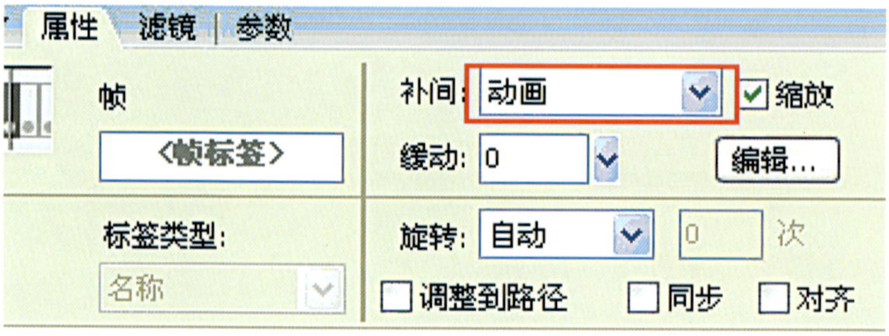

图 3-49

二、Flash Q版角色侧面跑

本节采用相同的角色，换成侧面来制作跑步的动画。和正面走相同，侧面跑也是动画中常用的动作设计。

【制作思路及步骤】

首先这个动画还是要遵循跑步运动规律原理：身体重心略向前倾；手臂成弯曲状；自然握拳，跑动时手臂前后摆动；脚的弯曲幅度要大，每步蹬出的弹力要强；头步的高低成波型运动状态。双脚几乎没有同时着地的时间，而是依靠单脚支撑身体的重量。还要注意一下脚与地面的关系。

在我们这个例子中，根据特殊的人物造型，我们在作法上做如下总结：

身体重心略向前倾；为了保持身体的平衡，配合两条腿的跨步，上肢的双臂就需要前后摆动；头步的高低成波型运动状态；双脚几乎没有同时着地的时间，而是依靠单脚支撑身体的重量。还要注意一下脚与地面的关系。

参考附书光盘中"第3章/3-4Q版角色动作设计/3-4-2小猪侧面跑元件.fla"文件。

Step 1. 如文档所示，在同一个图层中，将五官、头部、尾巴及头部元素、四肢、肚子各自作成元件。（这种方法前面已经多次讲解，这里不作赘述）拆分原则如图3-50所示（每一个蓝框内代表一个元件）。

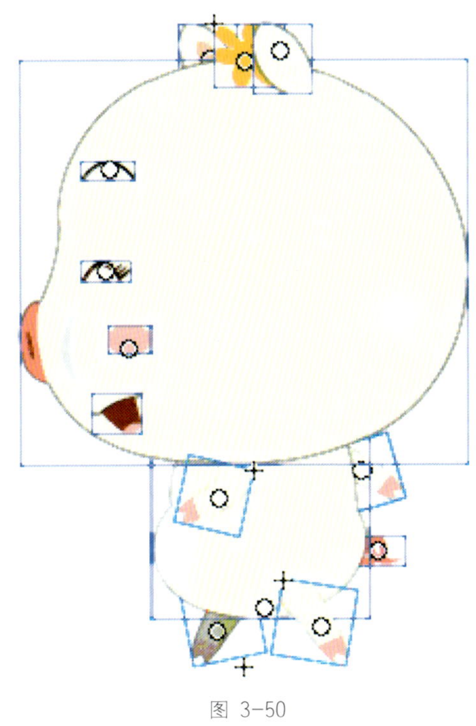

图 3-50

Step 2. 同《小猪正面走》制作方法，修改每个元件中心点。新建元件的中心点会在元件的四角或者中心。全部使用默认的话，以后做成补间动画可能会出错。而且我们需要将部分元件的轴心点移动到根部，如胳膊的元件我们需要把它的中心点移动到上臂根部，这样利于我们调动画。利用【任意变形工具】将所有元件的中心点移动到图3-51所示。

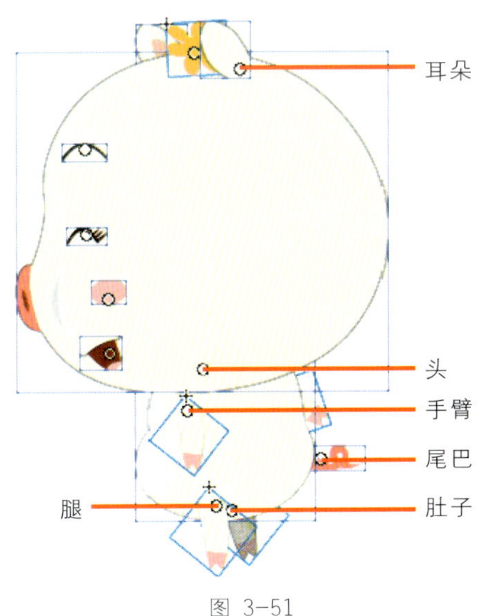

图 3-51

Step 3. 按【Ctrl+A】全选，按【F8】或点击鼠标右键选择【转换为元件】，设置如图3-52所示

Step 4. 双击元件"小猪侧面跑"进入元件编辑模式，先在第19帧左右按【F5】或点鼠标右键选择【插入帧】插入普通帧。

Step 5. 选择所有元件，按鼠标右键选择【分散到图层】，或按【Ctrl+shift+D】将所有元件分散到各个图层。

Step 6. 使用【任意变形工具】将小猪调整成如图3-53所示的状态。

【提示】此操作执行由整体到局部的原则。先将小猪全选，使用【任意变形工具】将整体轴心点移动到右脚，旋转至适当角度后再调整局部如手、脚等的位置。

Step 7. 使在舞台空白处点击鼠标右键选取标尺将标尺调出来，将小猪的头顶、脚底、鼻尖、后脑勺的位置标出来，如图3-54所示。

【提示】此操作与使用引导层画辅助线的作用相同，读者可以选用任一种方法。

Step 8. 在第4帧整体插入一关键帧。（操作方法已反复讲述，这里不再重复），将第4帧调整至如图3-55状态，第1帧与第4帧关系如图3-56所示。

【提示】先整体上选择小猪，将轴心点移动到右脚底后，逆时针旋转一定角度，再调整手、脚的位置。尾巴逆时针旋转适当角度、将头部及头部的眼鼻嘴等一起选择后逆时针旋转一定角度造成低头的感觉，并将双耳顺时针旋转一定角度作出跟随动作。完成后再整体选择小猪，使用【任意变形工具】将小猪适当压扁。

Step 9. 在将时间轴移动到第7帧，并将所有图层插入关键帧。将小猪调整至如图3-57所示，第7帧与第4帧的关系如图3-58所示。

【提示】先全选小猪，使用【任意变形工具】将小猪拉回正常长度后再调整位置。

图 3-53

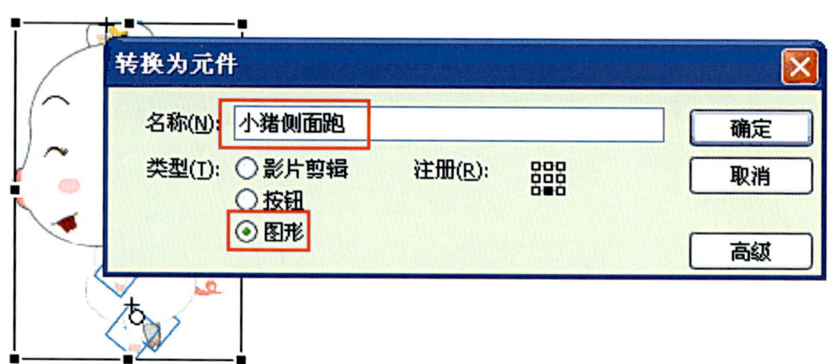

图 3-52

图 3-54

图 3-55

需要注意的是，要将头部顺时针旋转产生抬头的效果；尾巴顺时针旋转作出跟随动作；耳朵逆时针旋转作出跟随动作。

这样，我们做好了小猪奔跑半步的动作，下面的动作只需要重复“复制–调整“的步骤。

Step 10. 在将第1帧所有关键帧复制到第10帧处，并将小猪的双手和双腿互换交叉方向即可，如图3–59所示。

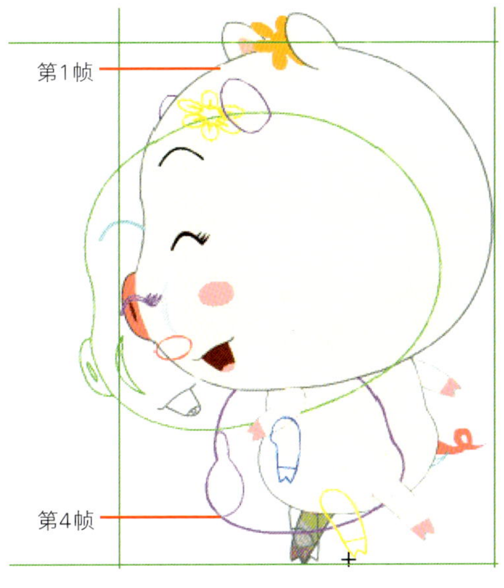

图 3–56

图 3–57

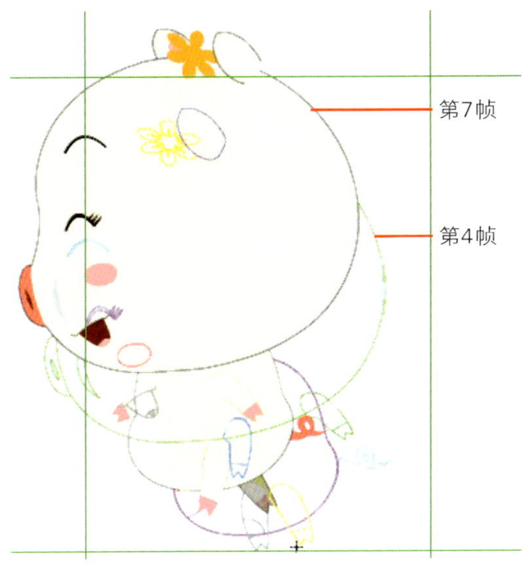

图 3–58

图 3–59

Step 11. 在将第4帧所有关键帧复制到第13帧处，并将小猪的双手和双腿互换交叉方向即可，如图3-60所示。

Step 12. 在将第7帧所有关键帧复制到第16帧处，并将小猪的双手和双腿互换交叉方向即可，如图3-61所示。

Step 13. 在将第1帧所有关键帧复制到第19帧处-请保持元件原样。这样一个小猪侧面跑得循环动作关键帧制作完成。

Step 14. 框选所有图层的第1帧到第19帧，按【Ctrl+F3】打开属性面板，设置如图3-62所示。

Step15. 框选除引导层以外的所有图层的第1-19帧。按【F6】或点击鼠标右键选择【转换成关键帧】。

Step16. 将时间轴移到第19帧，不要选择任何帧，按【Shift+F5】可将第19帧所有图层关键帧整体删除。最终图层及帧关系如图3-63所示。

完成文件参考附书光盘中“第三章/3-3Q版角色动作设计3-3-2/小猪侧面跑完成.fla”文件。

图 3-60

图 3-61

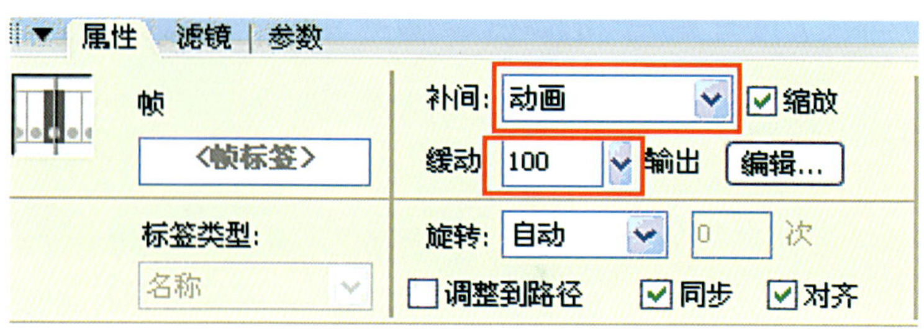

图 3-62

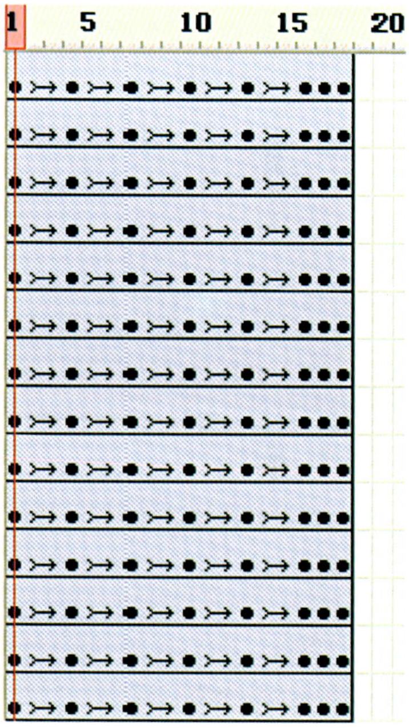

图 3-63

三、Flash Q版角色正面跳

这个例子运用了动画运动规律中的加速、预备动作、缓冲动作与Flash软件功能相结合。例子虽然不难，却提供了一种非常好的制作思路。

【制作思路及步骤】。

我们仍然使用《小猪正面走》中元件的拆分方法来进行制作。在操作方法上和前面的例子有相同之处，虽然是重复，但是这正是Flash的诀窍之一，请读者耐心学习。希望这几个例子学习完后读者可以掌握这些操作。

打开附书光盘中“第3章/3-3Q版角色动作设计/3-3-3小猪正面跳元件.fla”文件。

Step 1. 按照《小猪正面走》中元件的拆分方法将元件制作好后按【Ctrl+shift+D】将所有元件分散到各个图层。将小猪的起始动作调整至如图3-64所示。

图 3-64

【提示】先下面将进行下蹲预备动作的制作。

Step 2. 将时间轴移动到第5帧，将所有图层插入关键帧。将小猪调整至如图3-65所示。

图 3-65

【提示】要点：将除双腿以外元件向下移动适当位置；将五官适当向下移动适当位置作出低头的感觉，肚子压扁拉宽作出积压的效果；耳朵向里旋转。

Step 3. 将时间轴移动到第9帧，将所有图层插入关键帧。将小猪调整至如图3-66所示。

【提示】要点：身体适当拉长，耳朵向外旋转，嘴巴拉长。

图 3-66

图 3-67

Step 4. 将时间轴移动到第13帧，将所有图层插入关键帧。将小猪调整至如图3-67所示。

【提示】要点：身体耳朵向里旋转、双腿调整和第一帧的位置一样。

下面我们来做落地后的缓冲动作。

Step 5. 将时间轴移动到第15帧，将所有图层插入关键帧。将小猪调整至如图3-68所示。

【提示】来最好将耳朵向里旋转适当角度；肚子压扁拉宽；嘴巴压扁。

Step 6. 将第一帧所有关键帧分别复制至17帧和19帧处，将第17帧小猪整体拉长，耳朵向外旋转，嘴巴拉长适当长度。如图3-69所示。

Step 7. 将第1帧至第19帧中间所有帧选择，在【属性】面板中加入【动画】补间。

Step 8. 将9-13帧中间动画补间设置为“-100”，其余所有动画补间设置为“100”。

【提示】“-100”为加速度；“100”为减速度。

完成文件参考附书光盘中“第三章/3-3Q版角色动作设计/3-3-3小猪正面跳完成.fla”文件。

图 3-68

图 3-69

第四章 Flash 动画场景设计

学习目标：

Flash动画场景设计包括静态场景、动态场景及优秀场景赏析。绘制Flash动画场景既要掌握传统动画场景设计基础知识，又要将Flash相关功能的运用与之相结合。这样才能创作出优秀的场景设计。

重点与难点：

1. 动画场景设计基础知识；
2. 静态场景设计技法；
3. 自然环境场景设计技法（动态场景）；
4. 经典动画场景场景创作赏析。

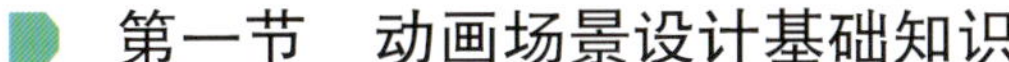

第一节 动画场景设计基础知识

在制作动画场景之前，我们首先要了解动画场景设计的概念与任务。

场景设计是制作角色动画的重要环节，一部优秀的动画片离不开优秀的场景制作。因此我们需要对场景设计进行系统而全面的学习。所谓场景设计就是指动画影片中除角色造型以外的随时间改变而改变的一切物的造型。动画影片的主体是动画角色，场景就是随着故事的发展，围绕在角色周围，与角色发生关系的所有景物，即角色所处的生活场所、陈设道具、社会关系、自然环境以及历史环境，甚至包括作为社会背景出现的群众角色，都是场景设计的范围，都是场景设计要完成的设计任务。

一、场景在动画片中的功能概述

1. 交代时空关系

（1）物质空间

物质空间指人物生存和活动的空间，它们是由天然的、人造的景或物构成具象的、可视的环境形象；是影视作品情节和事件发生、发展过程中赖以展开的空间环境，如图4–1与图4–2所示（取材于《幽灵公主》）。它符合剧情内容，体现时代特征、历史风貌、民族文化特点、人物生存氛围（职业、身份 、年龄、性格、爱好），交代故事发生、发展的地点和时间。

图 4–1

图 4–2

（2）社会空间

物质空间中的很多局部造型因素构成情调、氛围的结果，通过观众的联想，主动构建出了另一个完整的空间环境形象，一个贯穿影片始终，引起人们动情的抽象思维空间，将观众的神经兴奋点集中在特定的历史阶段，能够激发情绪的精神境界之中。如图4–3与图4–4所示的不同历史背景。（图4–3选自《花木兰》，图4–4选自《辛巴达之七海游踪》）。

图 4–3

图 4–4

2. 营造情绪氛围

根据剧本（剧情）的要求，往往需要场景营造出某种特定的

图 4-9

气氛效果和情绪基调。这也是场景设计不同于环艺设计之处。动画场景设计要根据剧情出发、从角色出发。

场景还可以准确地表现出复杂的情绪，比如浪漫温馨（如图4-5）、恬静可爱（如图4-6）、恐怖压抑（如图4-7）痛苦悲伤（如图4-8）、孤独寂寞（如图4-9）。

图 4-5

图 4-6

图 4-7

图 4-8

二、动画场景的景别与构图

1. 景别

景别就是影片主体对象在我们镜头画面中所占的比例。这个比例就是“景别”。

景别与场景设计有着直接的关系。景别决定最终镜头画面中景物范围的大小，决定了表现对象的比例大小，即决定了要“看清”还是要“看细”，决定了场景空间感的表现，决定了景物的主次地位。景别还是创作节奏的手段，是影视艺术的重要特性之一。

景别的划分通常以人为标尺。了解人物角色与场景在不同景别中的关系，有助于设计者更加准确地设计场景。

（1）远景

角色几乎可以忽略，以表现远处的景物为主。主要展现场景的气势，通过场景环境描述一种情绪，创作一种意境。远景也表现场面的规模和地理位置和主要对象的运动方向，如图4-10所示。

（2）大全景

角色在画面中占有很小的比例，表现环境空间成为重点。大全景表现的是场景的全貌、空间关系，如街道、建筑群，也表现场面的规模范围和主要运动对象的动势，如图4-11所示。

图 4-10

图 4-11

（3）全景

角色全身以上。如果说中景是表现角色的动作，那全景就是表现角色的行为。角色和场景的关系是表现的重点。

在表现场景上，场景的层次和细节都出现了，空间位置更加明确。可以说，全景是最重要的表现场景的手段，它能够准确、细致、多方向、全面地展现场景的内容，如图4-12所示。

（4）中景

角色的膝部以上。中景主要用来表现角色的动作。中景里环境就显得重要多了，这不仅仅是因为场景的取景范围大了，而且角色往往会和周围环境发生形态、质感、明暗、色彩、动静等相互关系，并且角色的动作也必将依靠场景，场景将作为角色动作的支点起到重要作用，如图4-13所示。

图 4-12

图 4-13

（5）中近景

角色的腰部以上。中近景由于处在近景与中景之间，所以不是一个固定的景别，它即可以表现角色的静态，也可以表现动态，镜头也往往是在运动中的，如图4-14所示。

（6）近景

从角色的头顶到胸部以上。角色占据画面一半以上，场景环境在后景，属于次要位置。近景镜头往往是表现静态效果，角色的动作也多是语言、表情和手势，镜头也不会做过多的运动，如图4-15所示。

（7）特写

角色的头顶到肩部以上。此时镜头中几乎看不到场景。

如果是在场景上，就是表现一扇窗，一个墙角，一个脚印

图 4-14

图 4-15

图 4-17

图 4-18

图 4-19

图 4-20

图 4-21

等。特写与大特写是对表现对象的细节的强调，而且可以赋予无生命的物体以生命，表现出来的不仅是物体的表面，而是具有情感性意义，甚至可以具有比喻，象征的功能，如图4–16所示。

（8）大特写

指仅表现影片主体对象的某一局部，如角色的一只手，一双眼睛，一张嘴，如图4–17所示。

2. 构图

动画场景设计效果图的构图需要考虑场景自身的构图平衡。也就是首先要确定一个视觉中心、重点，然后要到达视觉的平衡，使画面内容大小适中，不偏左不偏右，不居高不靠下。构图的方法是多种多样的，但最基本的规律无外以下几种：

（1）分割构图：将画面进行不同比例的水平或垂直的分割，这是影视画面构图最常用的方法之一，如图4–18所示。

（2）轴线构图：以画面中心的中轴线形成等分的构图形式，使画面达到均衡和对称的美感。与这一中轴平行的是一系列垂直面，这些垂直面重复会有力地形成一种节奏感，从而将目光引导向上方，如图4–19所示。

（3）对角线构图：对角线是结构景物空间的最基本的构图方法之一。对角线可以有效地引导目光，从画面的四周向视觉中心聚拢。这就可以让观者很容易产生一种径直通过场景空间的感觉。对角线也可以用假想的线条，借助植物丛或建筑体加以强化，如图4–20所示。

（4）三角构图：三角形的构图是以一个中心轴为基础的稳定的三角形结构。它拥有两条边向一个角汇聚的运动，所以方向性更强。因三角形的方向不同，所以视线会被引导向上或向下。三角形构图象征着稳定和崇高如图4–21所示。

图 4-16

（5）环行构图：与三角形构图一样，环行结构也显示出一种稳定感。环行构图是一种封闭形的构图形式，可以有方形、圆形等几种，都会将视线引导向封闭形的中心，如图4–22所示。

图 4–22

第二节 Flash 静态场景设计

一、花好月圆

前一章节讲述了许多关于场景设计的理论知识，接下来我们要运用理论知识结合Flash软件进行静态场景的绘制。我们就以场景“花好月圆”为实例（如图4–23所示），展开Flash静态场景制作的讲解。

【制作思路及步骤】

我们要依次绘制出浩瀚的星空、月亮、花朵。主要技术是使用Flash中的柔化边缘技术与混色器调色功能。具体步骤如下：

Step 1. 增加新图层。新建Flash文件，点击时间轴左下方的插入图层工具，增加三个新图层并分别为这四个图层重新命名（图层自上而下，分别命名为安全框、月亮、花儿、星空），如图4–24所示。

Step 2. 绘制安全框。使用矩形工具 绘制一个矩形框，并删除填充颜色（只保留线条）。然后全选住矩形线框，在窗口中点

图 4–23

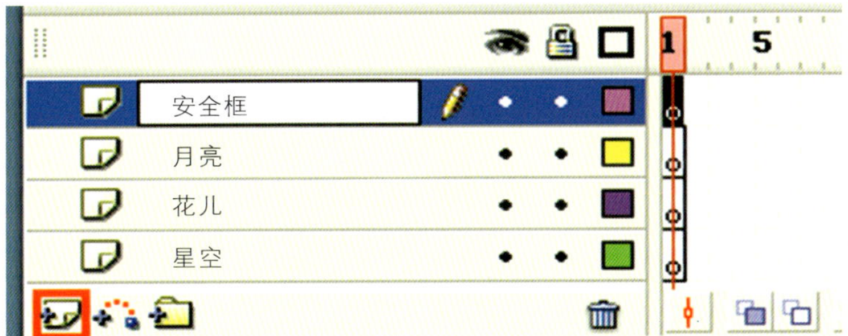

图 4–24

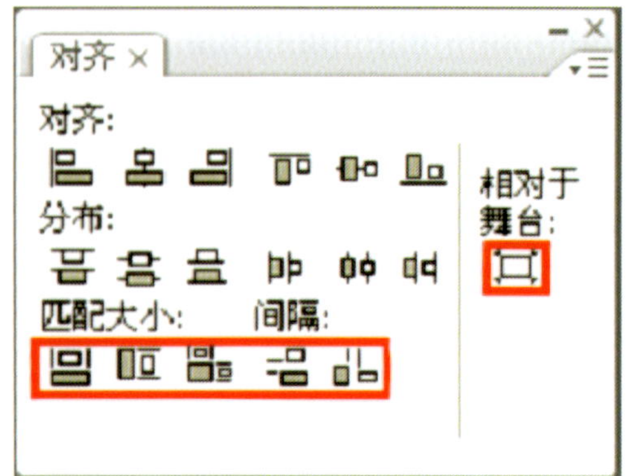

图 4-25

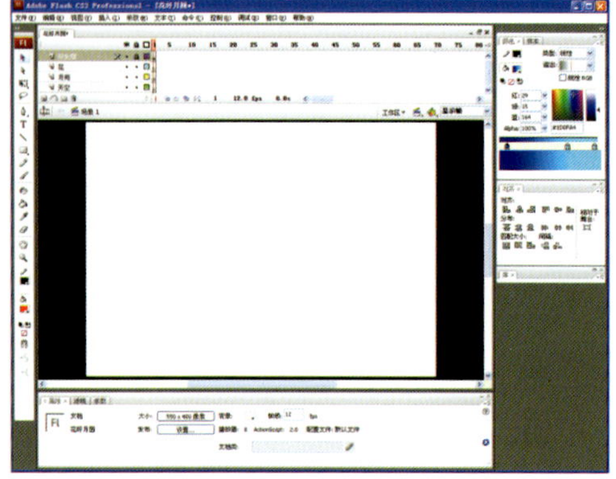
图 4-26

选出对齐工具（快捷键【Ctrl+K】），选择相对于舞台，然后逐一点选，如图4-25所示。经过上述操作后就会得到与舞台边缘对齐的矩形线框。最后在这个线框的外部再绘制一个较大的矩形线框，选择填充工具 对两矩形间的交集部分实施填充（填充色彩为黑色）。安全框完成稿如图4-26所示。

【提示】绘制安全框时，要在对应的安全框图层进行制作。制作完成后要始终锁住该图层。

Step 3. 绘制天空，按【Ctrl+G】插入一空组，使用矩形工具 在空组中绘制出天空的轮廓。填充色选择【线性】模式，如图4-27所示。天空填充稿如图4-28所示。然后将天空组件转化为一个元件，在元件里添加一个新图层绘制星辰。

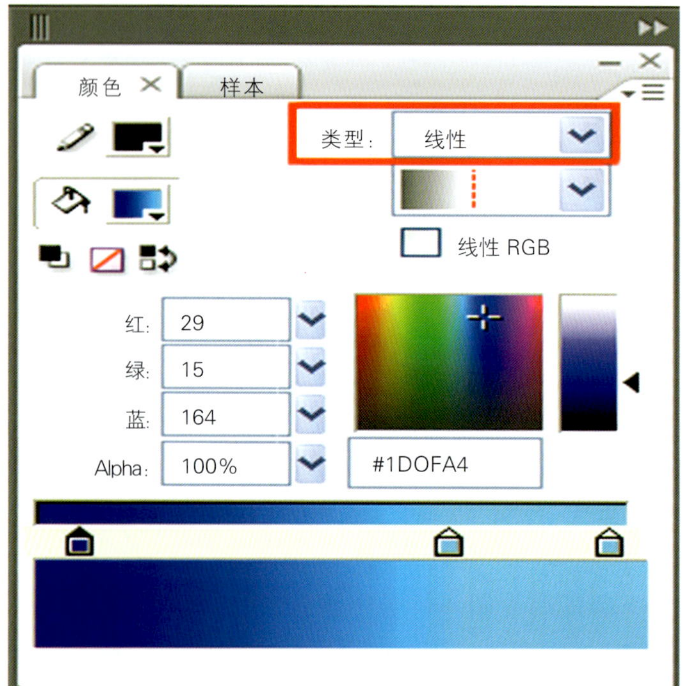

图 4-27

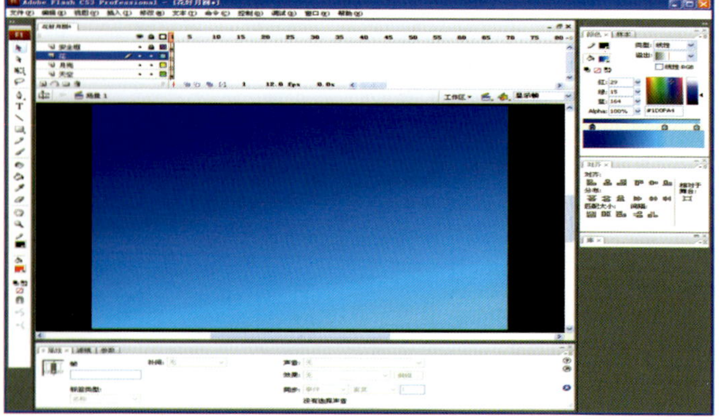
图 4-28

Step 4. 绘制星辰。使用椭圆工具 按住Shift键绘制一个正圆并删除线框，设定填充色为白色。然后执行【修改–形状–柔化填充边缘】命令。设定柔化边缘参数（距离20，步骤数20，方向选择扩展）如图4–29所示。星星柔化效果如图4–30所示。绘制完成后，将星星转化为元件。最后对星星元件进行缩小、复制、排列等操作。至此完成星空的最终效果，如图4–31所示。

柔化填充边缘

距离(D)： 20 px　　确定

步骤数(D)： 20　　取消

方向(R)： ◉ 扩展　○ 插入

图 4–29

图 4–30

图 4–31

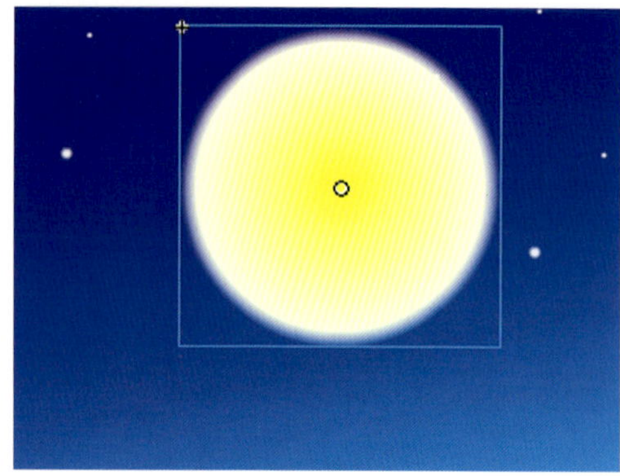

图 4-34

Step5. 绘制月亮。使用椭圆工具 按住Shift键绘制一个正圆并删除线框，填充色选择【放射状】模式，如图4-32所示。然后执行【修改-形状-柔化填充边缘】命令。设定柔化边缘参数（距离20，步骤数20，方向选择扩展）如图4-33所示。绘制完成后进行群组，月亮柔化效果如图4-34所示。

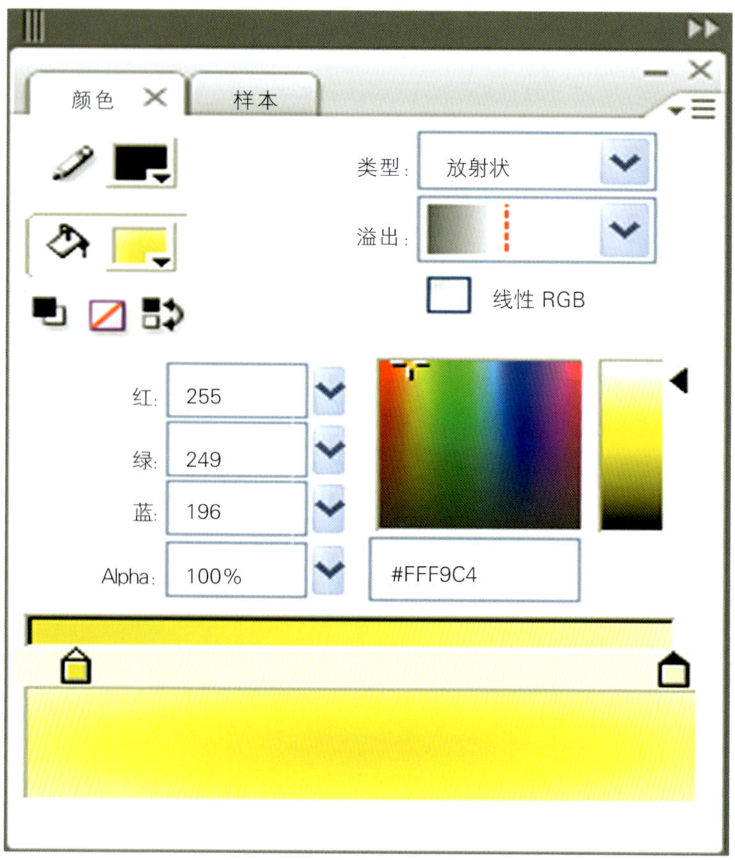

图 4-32

柔化填充边缘

距离(D)： 20 px

步骤数(D)： 20

方向(R)： 扩展 插入

确定

取消

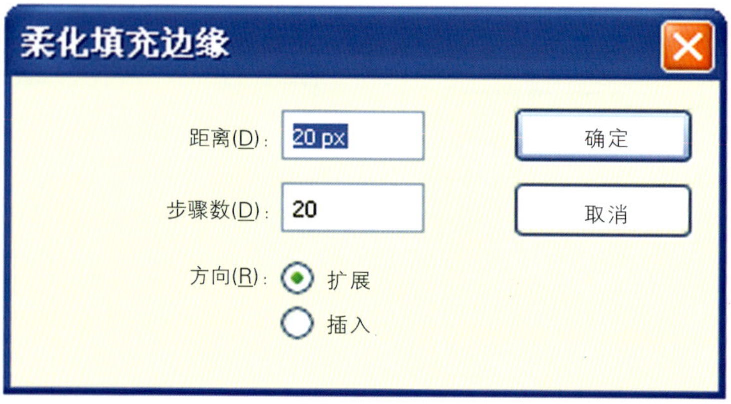

图 4-33

Step6. 绘制月亮光晕，绘制方法同月亮，不同之处在于【放射状】模式下填充色的调配（放射状的两端均为白色，左端Alpha设定为46%，右端Alpha设定为9%），如图4-35所示。月亮光晕绘制完成后进行群组。至此，月亮绘制完成（如图4-36）。

Step 7. 绘制花瓣，使用直线工具 绘制如图4-37所示的线稿。接下来进行填充色彩，填充色选择【线性】模式，使用如图4-38所示的色彩对线稿进行填充。填充效果如图4-39所示。

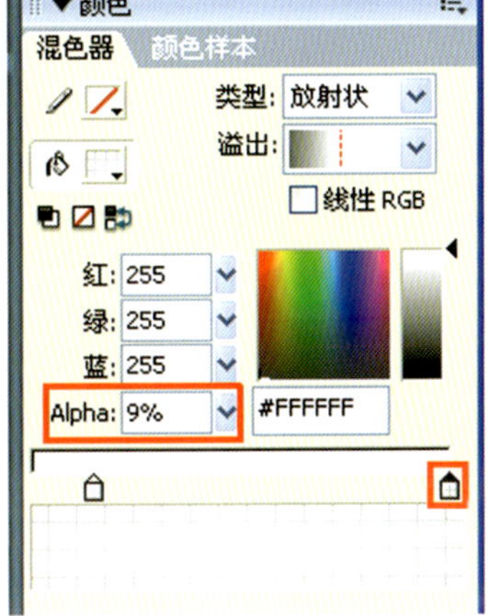

图 4-35

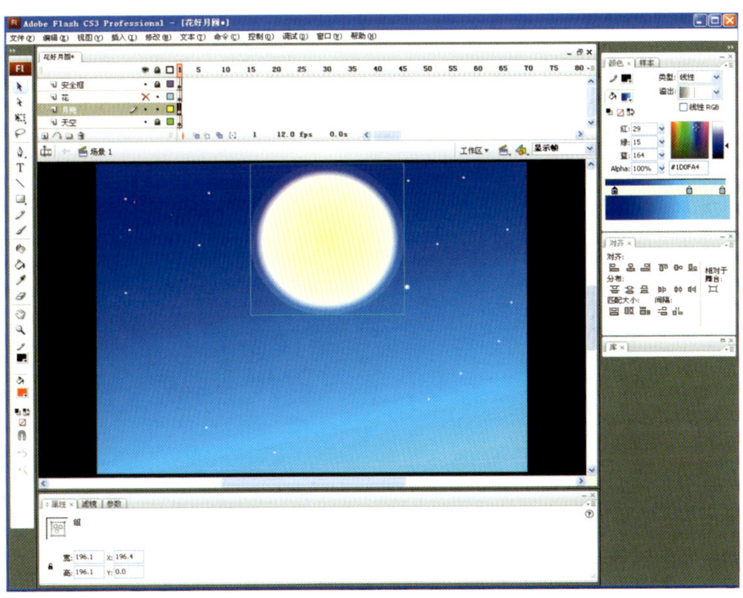

图 4-36

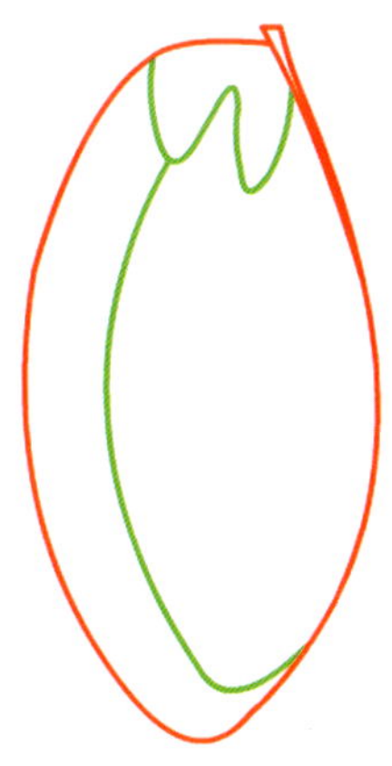

图 4-37

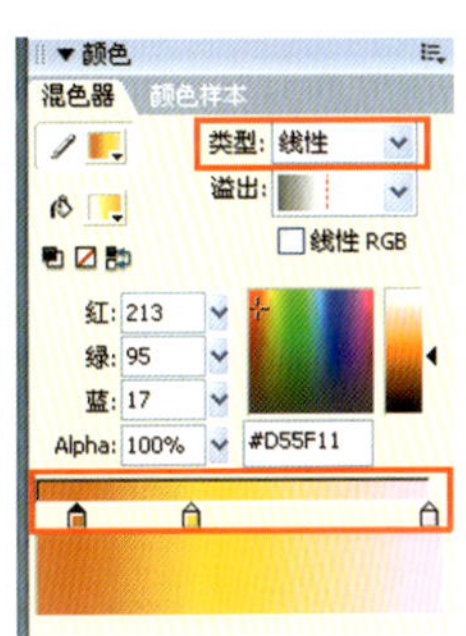

图 4-38

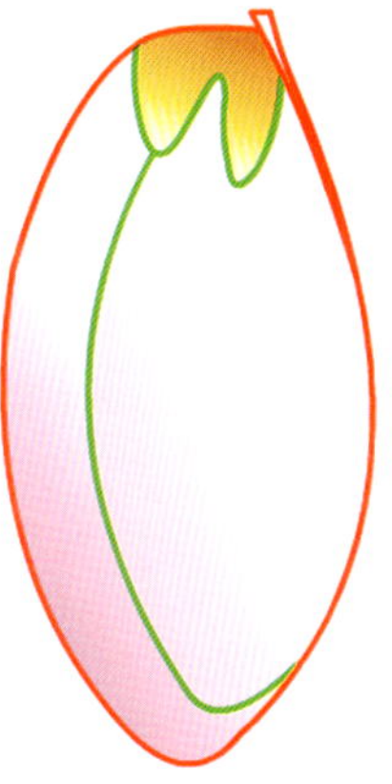

图 4-39

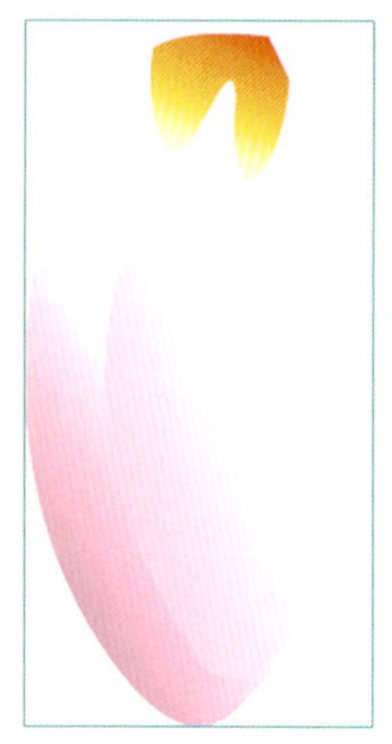

图 4-40

Step 8. 将花瓣整合成花朵。把绘制好的花瓣，删除线条仅保留填充色并进行群组，如图4-40所示。然后对花瓣组件进行复制，并使用任意变形工具 进行调节。调节完成后，将所有花瓣转化成一个花朵的图形元件，如图4-41所示。

Step 9. 绘制枝条并完成花与枝的整合。绘制枝条的方法与绘制花瓣的方法相同，花与枝的整合技术点是调整花朵元件的亮度。如图4-42与图4-43所示的属性面板可以对元件进行亮度、进行明与暗的调节。最后对花朵元件及花枝进行缩小、复制、排列等操作。完成“花好月圆”场景的最终效果，如图4-44所示。

【提示】本实例主要运用了Flash混色器的功能及元件技术。其中难点在于Flash混色器的使用，应加以重点学习。如在学习中遇到问题可参考附书光盘中“第4章/4-2 Flash静态场景设计/ 4-2-1花好月圆.fla”源文件）。

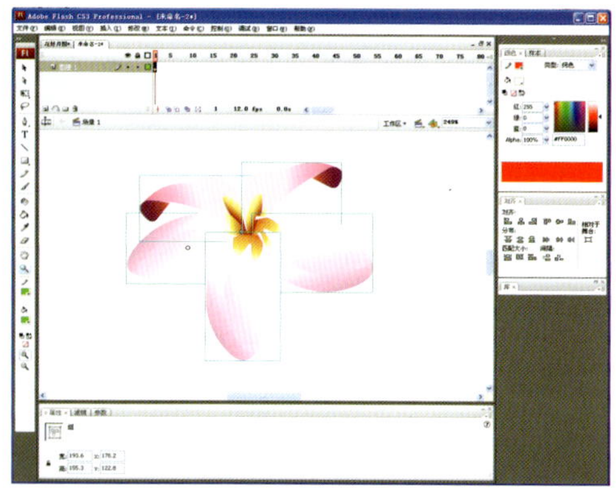

图 4-41

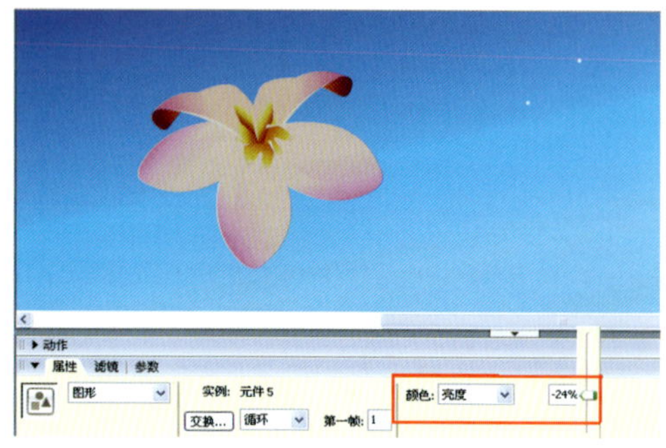

图 4-42

图 4-43

图 4-44

二、夏日沙滩

炎炎的夏日，如果能到海边散散步、吹吹海风，那就是一个“爽”啊！接下来咱们就一起学习如何绘制海滩场景，体验一回海边漫步的感觉（如图4-45）。

【制作思路及步骤】

我们要逐一绘制出沙滩、海面、冷饮店、白云与天空。该案例使用的关键技术是Flash中的柔化边缘技术与混色器调色功能。具体步骤如下：

Step 1. 增加新图层。新建Flash文件，点击时间轴左下方的插入图层工具，增加四个新图层并分别为这五个图层重新命名（图层自上而下，分别命名为安全框、植物、冷饮店、沙滩与海、蓝天白云），如图4-46所示。

图 4-45

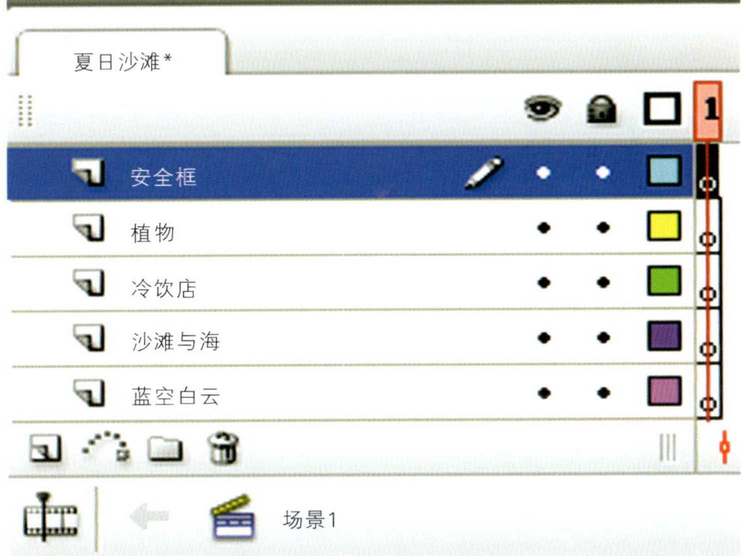

图 4-46

Step 2. 绘制安全框。使用矩形工具 绘制一个矩形框并删除填充颜色（只保留线条）。然后全选住矩形线框，在窗口中点选出对齐工具（快捷键【Ctrl+K】），选择相对于舞台，然后逐一点选 。如图4-47所示。经过上述操作后就会得到与舞台边缘对齐的矩形线框。最后在这个线框的外部再绘制一个较大的矩形线框，选择填充工具 对两矩形间的交集部分实施填充（填充色彩为黑色）。安全框完成稿如图4-48所示。

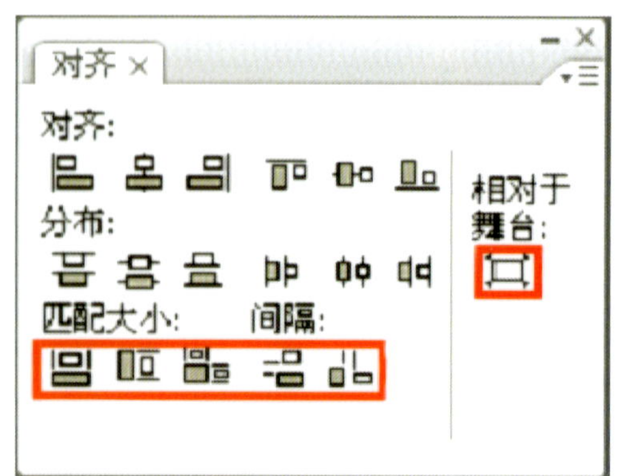

图 4-47

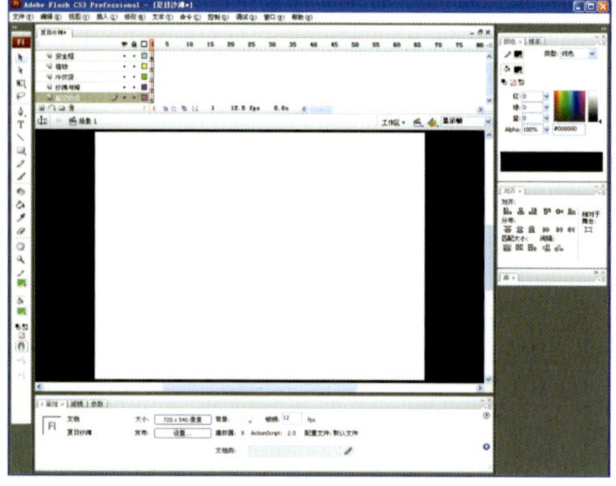

图 4-48

Step 3. 绘制沙滩。在“沙滩与海”的图层中，使用直线工具 结合铅笔工具 进行绘制沙滩的线条稿，如图4-49所示。然后使用填充工具 对线条稿进行上色，如图4-50所示。填充色彩后删除线条并进行群组。完成最终画面效果，如图4-51所示。

【提示】绘制线稿时，线条要力求平滑、有力。在需要上色的区域，要确保线条与线条的交接处是闭合的（没有空隙的），否则会出现填充不了色彩的问题。

Step 4. 绘制海面。使用矩形工具 绘制如图4-52所示的弧形

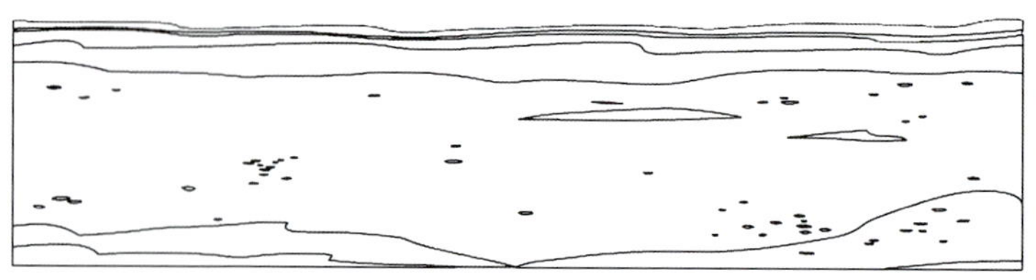

图 4-49

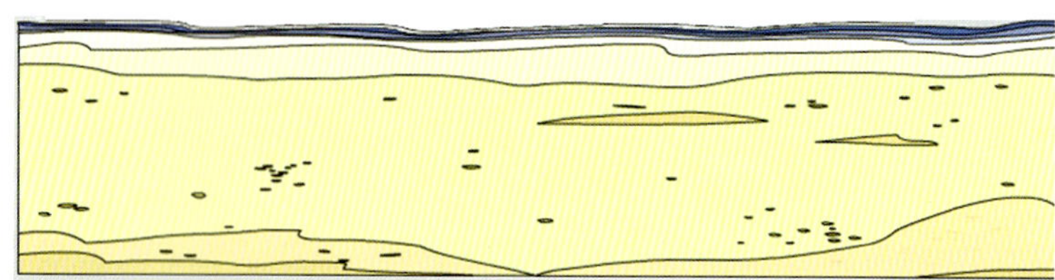

图 4-50

图 4-51

图 4-52

平面。然后对弧形平面进行群组。

Step 5. 制作海面的虚实效果。首先复制弧形平面，然后对复制的弧形平面进行混色调节，在【线性】模式下填充色的调配（放射状的左端为淡蓝色，右端为白色，左端Alpha设定为24%，如图4–53所示。右端Alpha设定为100%，如图4–54所示）。调整后的复制弧形平面效果如图4–55所示。最后将复制弧形平面放在弧形平面之上，如图4–56所示。

Step 6. 调整“沙滩与海”图层的画面效果。首先对海平面进行群组，然后将其放在沙滩组建之下（快捷键【Ctrl+↓】）。画面最终鲜果如图4–57所示。

图 4–55

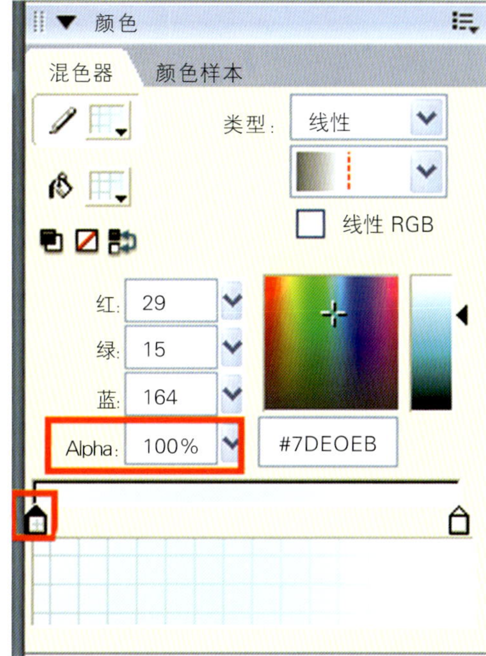

图 4–53

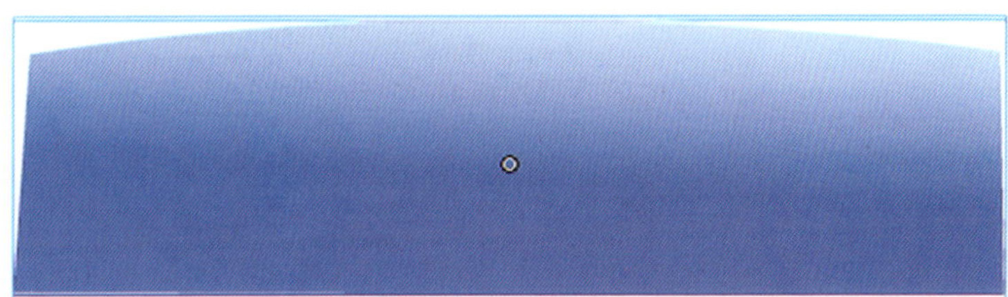

图 4–56

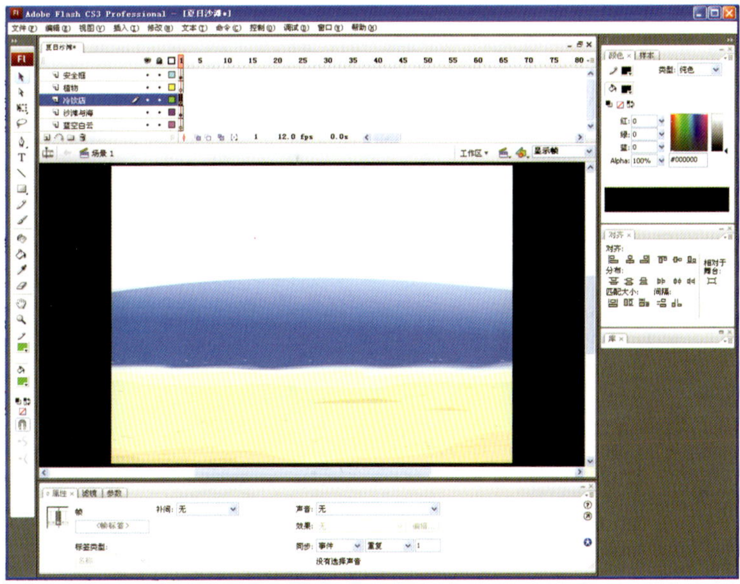

图 4–57

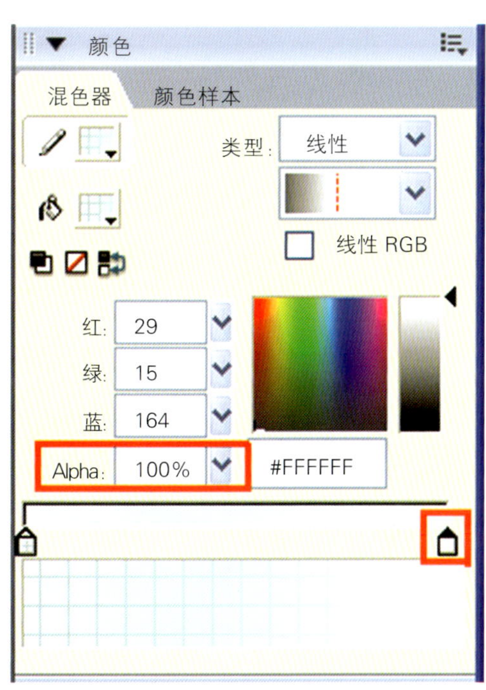

图 4–54

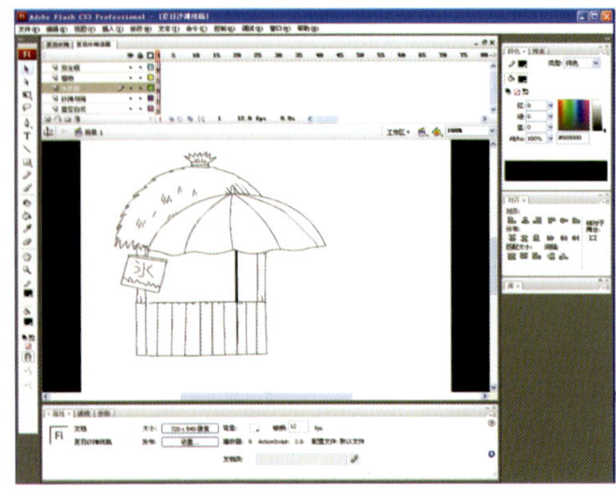

图 4-58

Step 7. 冷饮店。在“冷饮店”的图层中，使用直线工具 结合铅笔工具 进行冷饮店的线条稿绘制，如图4-58所示。然后使用填充工具 对线条稿进行上色。填充色彩后进行群组，完成最终画面效果如图4-59所示。（可参照附书光盘中“第4章/4-2 Flash静态场景设计/ 4-2-2夏日沙滩线稿.fla”源文件）。

Step 8. 绘制蓝天与白云。在“蓝天白云”图层中，使用矩形工具 绘制如图4-60所示的矩形平面（蓝天）并进行群组。然后按【Ctrl+G】插入一空组，在空组中绘制白云线稿如图4-61所示。

Step 9. 对白云线稿进行混色调节填充。在【线性】模式下填充色的调配（放射状的左端为淡蓝色，右端为白色），如图4-62所示。白云最终效果如图4-63所示。

图 4-59

图 4-61

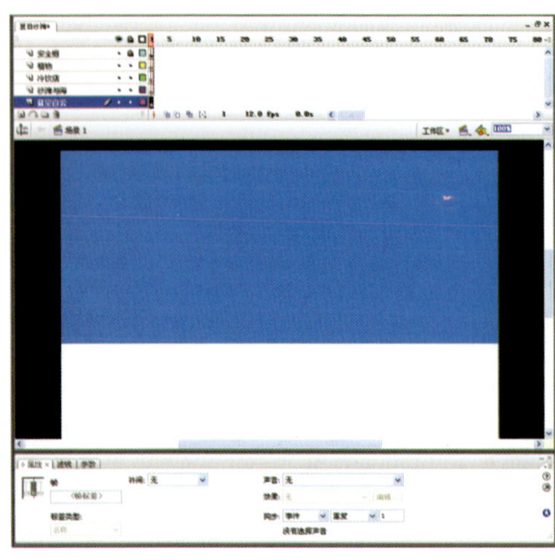

图 4-60

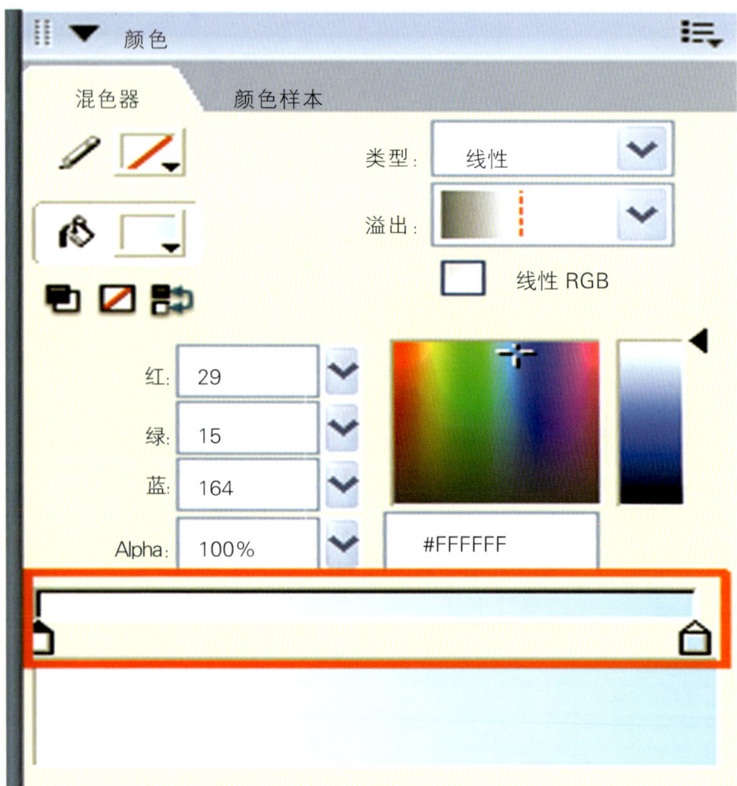

图 4-62

Step 10. 调整“蓝天白云”图层的画面效果。首先删除白云组件的线条，然后执行【修改–形状–柔化填充边缘】命令。设定柔化边缘参数（距离20，步骤数20，方向选择扩展）。调整后白云组件效果如图4–64所示。接着对白云组建进行复制、缩小、排列等操作。最终完成“蓝天白云”效果，如图4–65所示。

Step 11. 绘制植物及调整整个“夏日沙滩”场景的构图。绘制植物组件的方法可参照前面所讲的绘图方法。“夏日沙滩”的最终效果如图4–66所示。

【提示】如在学习中遇到问题可参考附书光盘中“附书光盘中“第4章/4–2 Flash静态场景设计/4–2–2夏日沙滩.fla”源文件）。

图 4–63

图 4–64

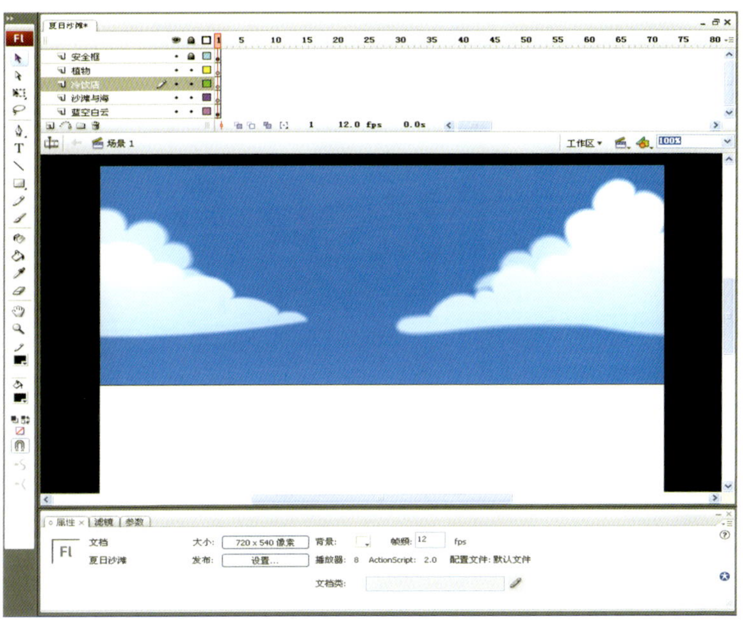

图 4–65

图 4–66

第三节 Flash 动态场景设计

上一节中我们学习了静态的场景设计,接下来我就带着大家一起学习一些关于动态场景设计的Flash案例。动态场景的制作是以静态场景为基础的，因此动态场景的制作较静态场景而言相对复杂一些。希望大家要更加仔细地研究下面每个案例的每一个步骤。

一、春天花会开

制作动态场景的第一个实例“春天花会开”如图4-67所示。该实例给大家展示了花由发芽、生长、开放的全过程，体现了Flash逐帧动画的魅力。

【制作思路及步骤】

我们要依次绘制出天空与大地、前草丛、花朵。主要技术是使用Flash中的元件技术与逐帧动画技术。具体步骤如下：

Step 1. 增加新图层。新建Flash文件，点击时间轴左下方的插入图层工具，增加三个新图层并分别为这四个图层重新命名（图层自上而下，分别命名为安全框、前草丛、花儿、天空与大地），如图4-68所示。

Step 2. 绘制安全框。使用矩形工具 绘制一个矩形框并删除填充颜色（只保留线条）。然后全选住矩形线框，在窗口中点选出对齐工具（快捷键【Ctrl+K】），选择相对于舞台，然后逐一点选。如图4-69所示。经过上述操作后就会得到与舞台边缘对齐的矩形线框。最后在这个线框的外部再绘制一个较大的矩形线框，选择填充工具 对两矩形间的交集部分实施填充（填充色彩为黑色）。安全框完成稿如图4-70所示。

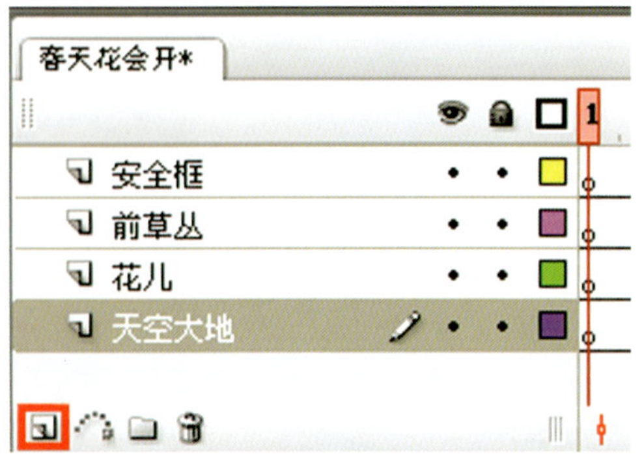

图 4-68

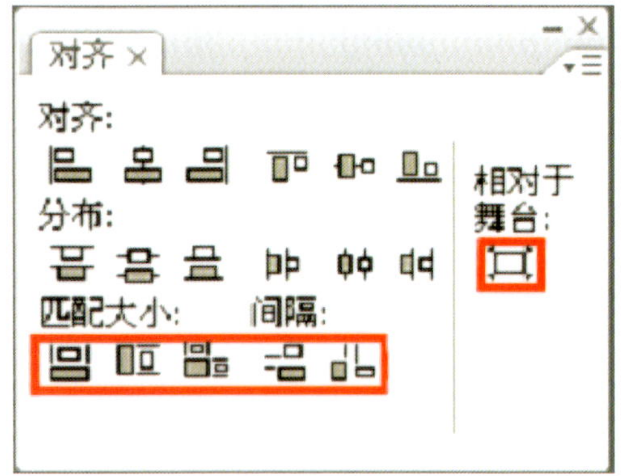

图 4-69

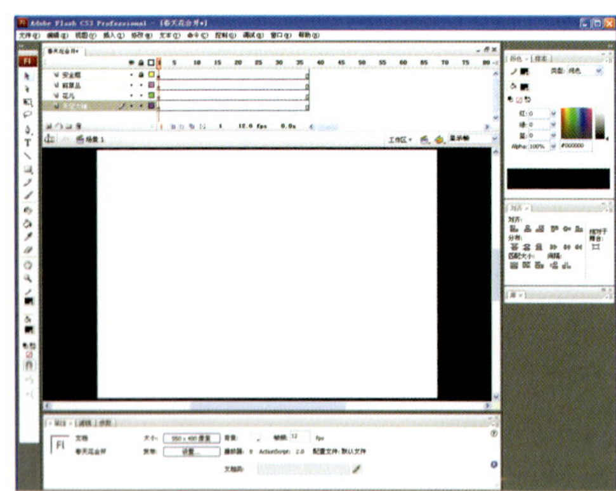

图 4-70

图 4-67

Step 3. 绘制天空与大地。在“天空与大地”图层进行绘制，绘制方法可参照上一节中所讲的静态场景的绘制方法。绘制出的最终效果如图4–71所示。

Step 4. 绘制前草丛。在“前草丛”图层进行绘制，制作方法同Step3. 绘制天空与大地。前草丛的最终绘制效果如图4–72所示。

Step 5. 绘制花朵。绘制花朵是本实例的讲解重点，因为我们并不是单纯的绘制花儿的静态效果而是制作花由发芽、生长、开放的全过程。因此我们在制作之前要对花的生长运动规律有所了解。花的生长运动规律如图4–73与图4–74所示。

Step6. 制作花儿的元件。在“花”图层进行绘制。按【Ctrl+G】插入一空组，在空组中绘制如图4–75所示的图形。绘制完成后转换成图形元件并命名为黄色花。然后双击“黄色花”

图 4–71

图 4–72

图 4–73

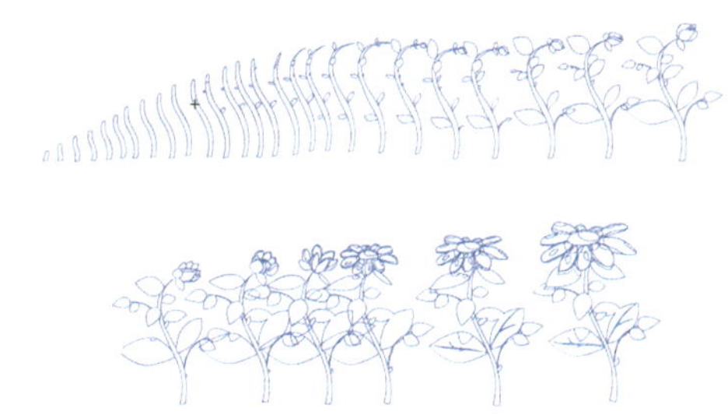

图 4–74

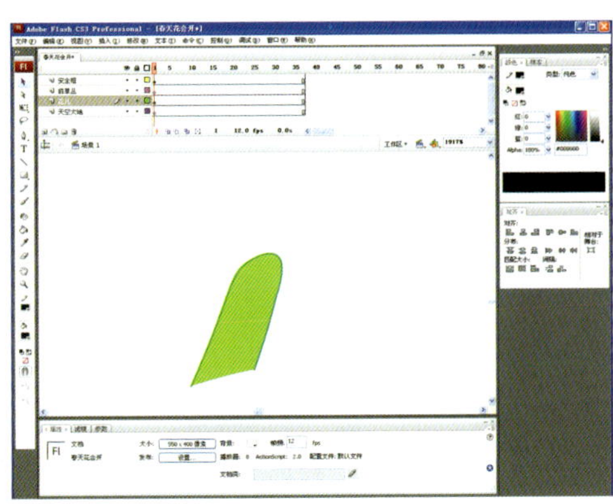

图 4–75

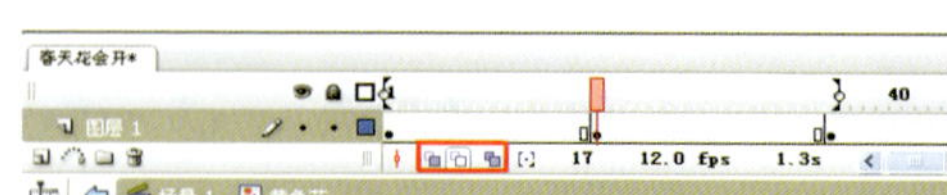

元件，进入元件编辑，在第35帧按【F5】或点鼠标右键选择【插入帧】插入普通帧如图4-76所示。

Step 7. 绘制"黄色花"元件的关键动画。在"黄色花"元件内部的第35帧，将普通帧转化为关键帧，并绘制如图4-77所示的花儿图形。

Step 8. 绘制中间画。首先点击图层下方的洋葱皮工具，使它的影响范围作用于第1帧与第35帧之间。在时间轴的第17帧处插入空白关键帧并绘制中间画如图4-78所示。接下来按照相同方法进行绘制其他32张画面，如图4-79与4-80所示。

图 4-78

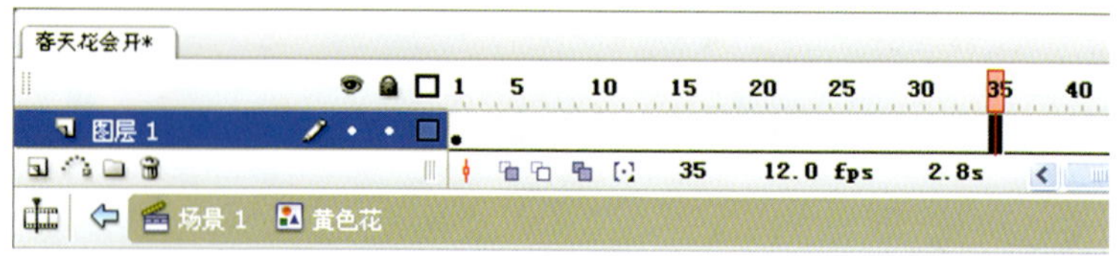

图 4-76

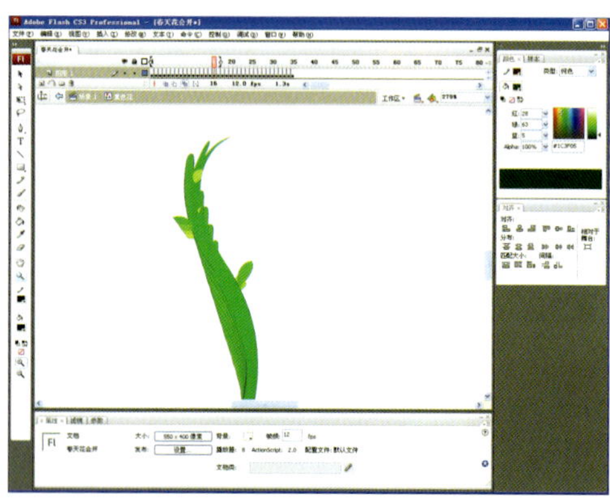

图 4-79

图 4-77

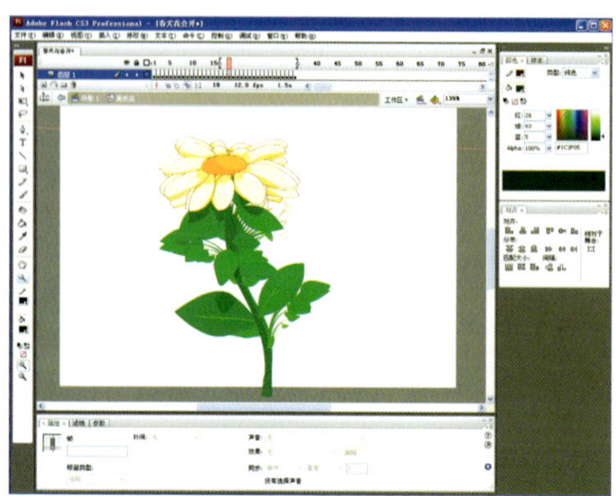

图 4-80

Step 9. 绘制“粉色花”元件。绘制方法同“黄色花”元件。至此“花”图层绘制完成，效果如图4–81所示。

Step 10. 调整整个“春天花会开”场景的各个图层的画面构图。调整后最终画面效果，如图4–82所示。

【提示】本实例主要运用了Flash逐帧动画的功能及元件技术，其中难点在于花儿生长的运动规律，应加以重点学习。如在学习中遇到问题可参考前面章节相关知识，亦可参考附书光盘中“第4章/4–3 Flash动态场景设计/ 4–3–1春天花会开.fla”源文件。

二、雪花飞舞

角色动画的制作，离不开对自然现象的表现。自然现象的场景表现，往往对剧情的展开起到很好地推动作用。同时它也可以渲染气氛，表达角色的情感及内心活动。下面我们就一起学习如何制作“雪花飞舞”的自然现象场景，如图4–83所示。

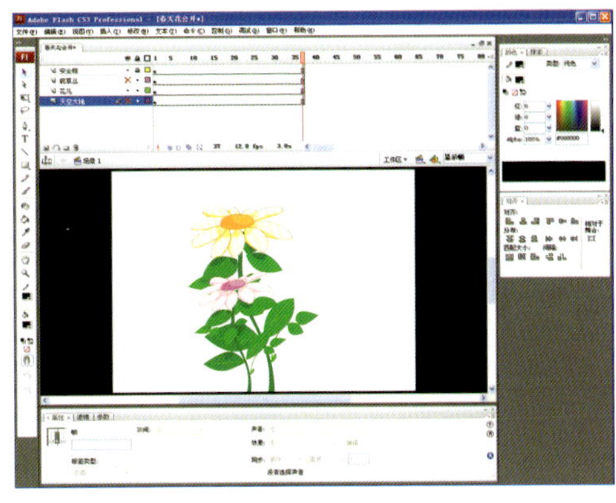

图 4–81

图 4–82

图 4–83

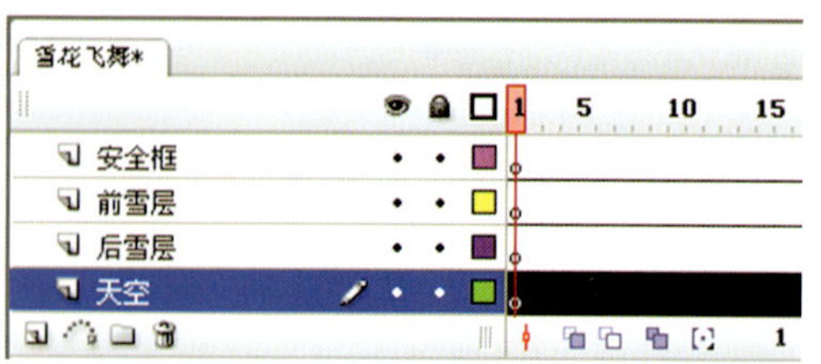

图 4-84

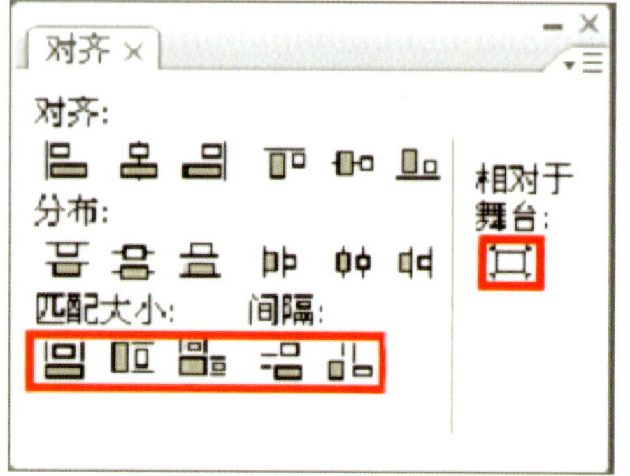

图 4-85

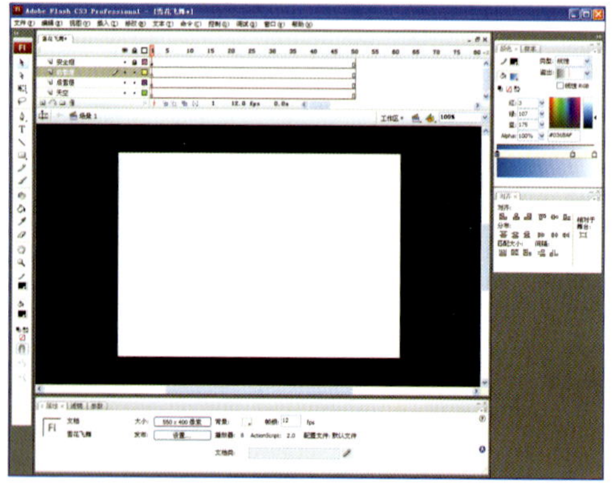
图 4-86

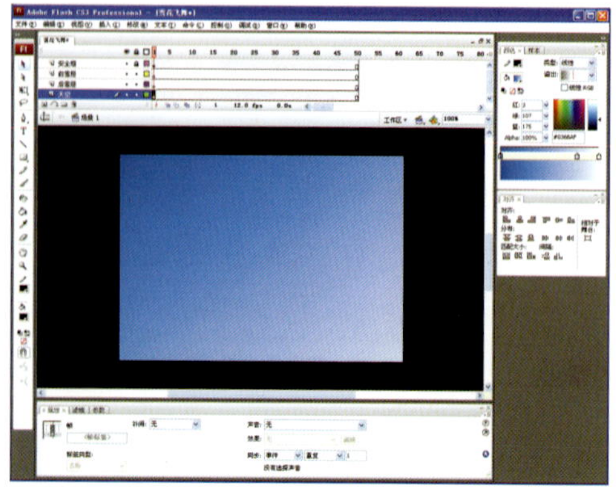
图 4-87

【制作思路及步骤】

依次绘制出天空、后雪层、前雪层。关键技术是使用Flash中的元件编辑技术与引导层动画技术。具体步骤如下：

Step 1．增加新图层。新建Flash文件，点击时间轴左下方的插入图层工具，增加三个新图层并分别为这四个图层重新命名（图层自上而下，分别命名为安全框、前雪层、后雪层、天空），如图4-84所示。

Step 2．绘制安全框。使用矩形工具 绘制一个矩形框并删除填充颜色（只保留线条）。然后全选住矩形线框，在窗口中点选出对齐工具（快捷键【Ctrl+K】），选择相对于舞台，然后逐一点选，如图4-85所示。经过上述操作后就会得到与舞台边缘对齐的矩形线框。最后在这个线框的外部再绘制一个较大的矩形线框，选择填充工具 对两矩形间的交集部分实施填充（填充色彩为黑色）。安全框完成稿如图4-86所示。

Step 3．绘制天空。在“天空”图层进行绘制，绘制方法可参照前一章节的绘制方法。最终效果如图4-87所示。

Step 4．绘制后雪景。在“后雪景”图层进行绘制。使用椭圆工具，按住Shift键绘制一个正圆并删除线框，填充色选择【放射状】模式，（放射状的两端均为白色，左端Alpha设定为100%，右端Alpha设定为0%）如图4-88所示。

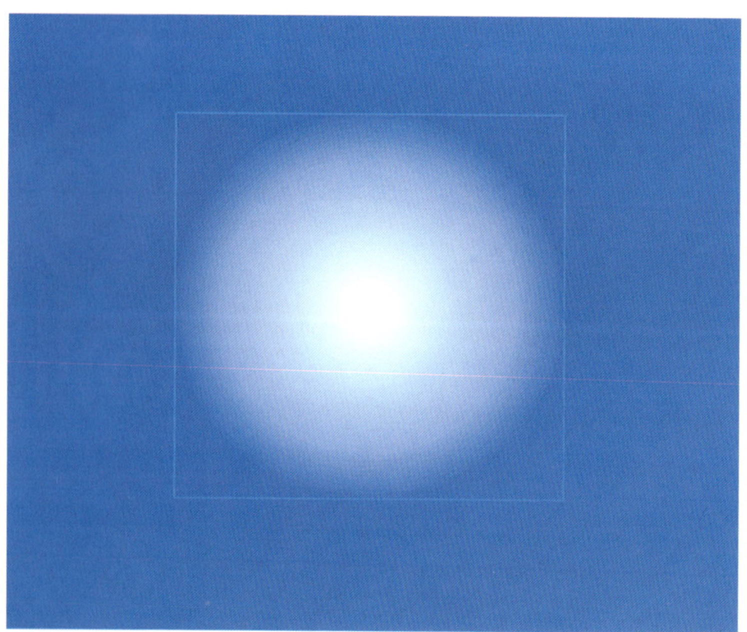
图 4-88

Step 5. 柔化雪球边缘。点选正圆（雪球）后，执行【修改-形状-柔化填充边缘】命令。设定柔化边缘参数（距离20，步骤数10，方向选择扩展）。绘制完成后进行群组。效果图如图4-89所示。对该组件进行缩小、复制、排列等操作，然后转化为图形元件并命名为“后雪”。最后完成的“后雪景”效果如图4-90所示。

Step 6. 制作后雪景动画效果。在第50帧按【F5】或点鼠标右键选择【插入帧】插入普通帧如图4-91所示。将“后雪景”图层的第50帧转化为关键帧并将“后雪”元件向下方移动一段距离，如图4-92所示。然后在第1帧与第50帧帧之间创建补间动画，如图4-93所示。至此，后雪景动画效果完成。

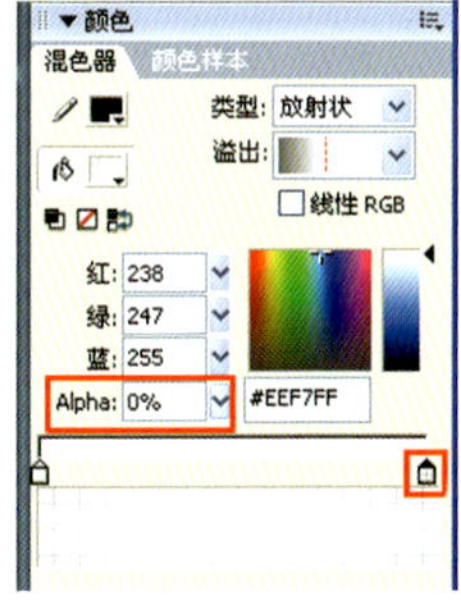

图 4-89

图 4-90

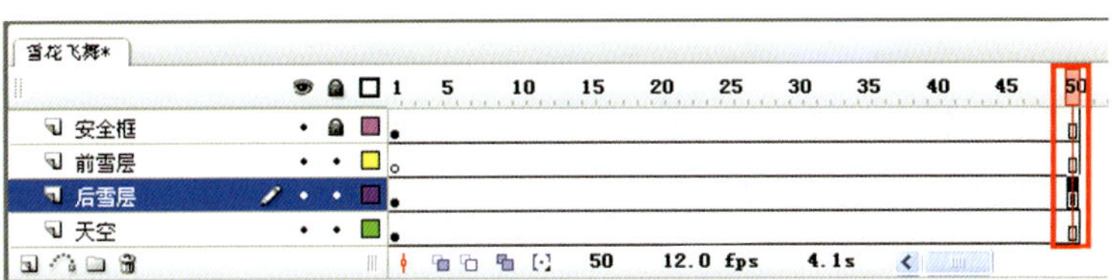

图 4-91

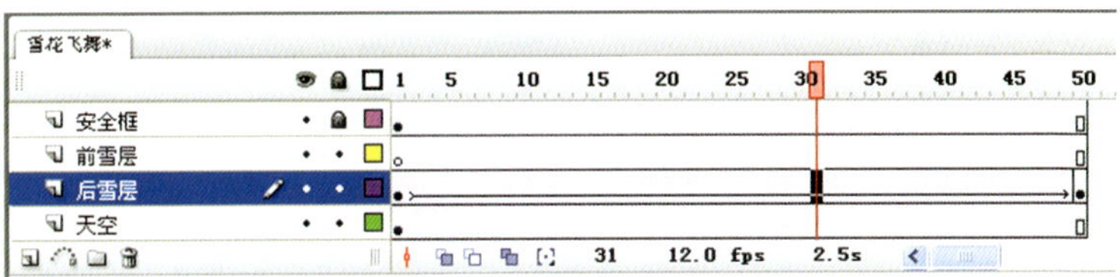

图 4-93

图 4-92

Step 7. 绘制前雪景。绘制如图4–94所示的雪星元件（绘制方法可参照上一节“花好月圆”静态场景中绘制月亮的绘制方法）。绘制完成雪星元件后，再将“雪星”元件转化一次图形元件，并命名为“雪花”元件。

Step 8. 制作引导层轨迹线。鼠标左键双击“雪花”元件，在元件内部增加一个引导图层，然后在第50帧按【F5】或点鼠标右键选择【插入帧】插入普通帧（如图4–95所示）。根据雪花飘落的运动规律，在引导线中绘制一条S形的运动轨迹（如图4–96所示）。

Step 9. 制作引导层动画。将雪星图层的第50帧转化为关键帧。接着将雪星的第1帧画面中心对准S形的上端，将第50帧画面中心对准S形的下端（如图4–97所示）。然后在第1帧与第50帧之间创建补间动画（如图4–98所示）。

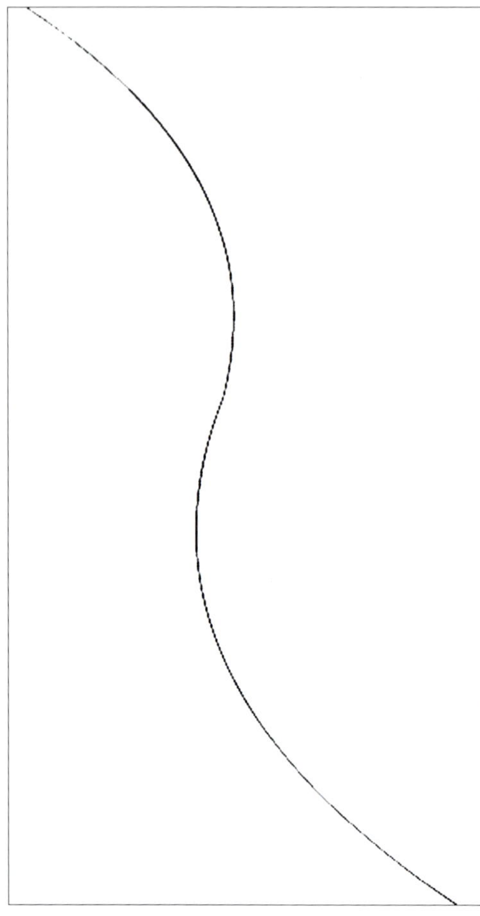

图 4–96

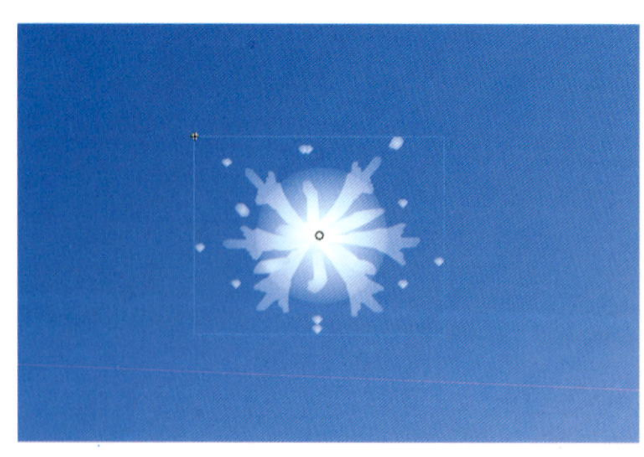

图 4–94

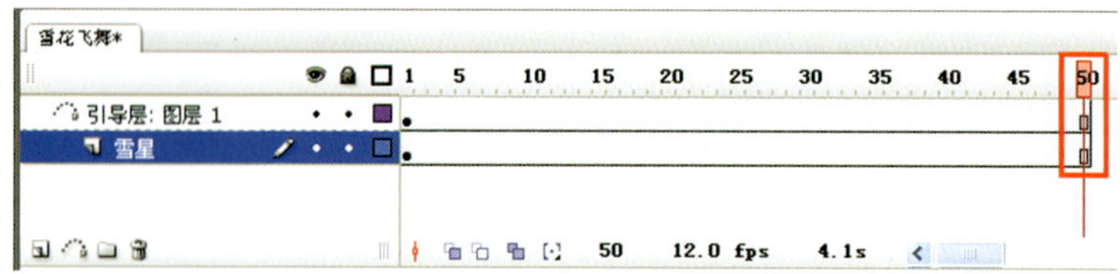

图 4–95

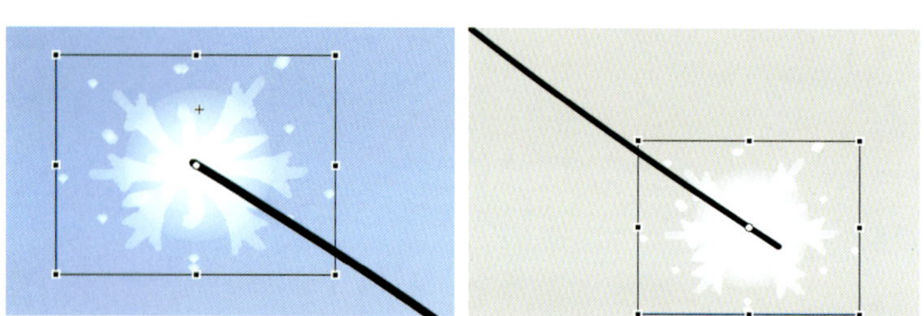

图 4–97

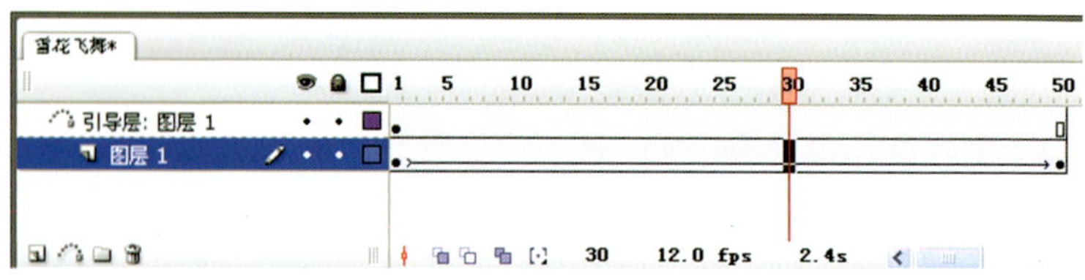

图 4–98

Step 10. 调整“前雪景”图层画面效果及制作雪花随机效果。在雪花元件内部的雪星图层的第30帧处插入一个关键帧，（如图4–99所示）。然后把第30帧的“雪星”元件的属性Alpha设定为0%。然后返回场景，复制雪花元件（如图4–100所示）。最后对每个复制的雪花元件的元件属性“第一帧”的数值进行随机设置。（如图4–101、图4–102、图4–103所示）。

【提示】：元件属性“第一帧”的数值为1时就表示，从元件内部第一帧开始播放。元件属性“第一帧”的数值为3时，就表示从元件内部第三帧开始播放。（可参考附书光盘中“第4章/4–3 Flash动态场景设计/ 4–3–2雪花飞舞.fla”源文件。）

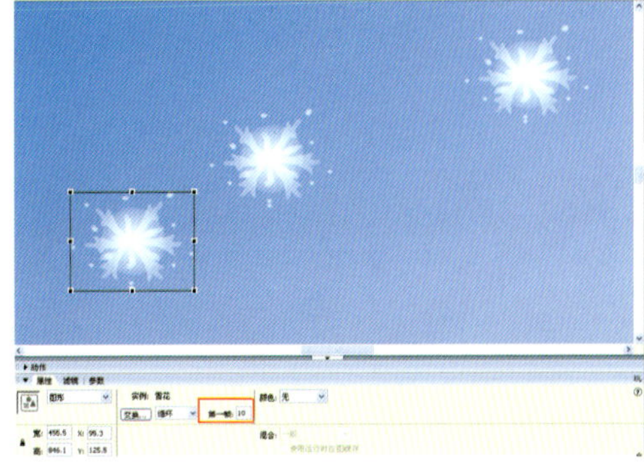

图 4–101

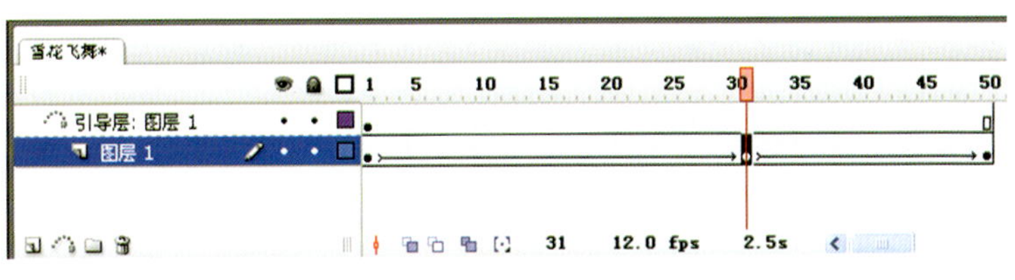

图 4–99

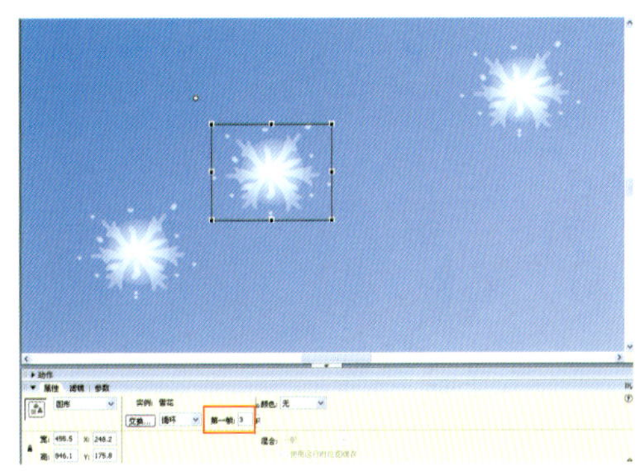

图 4–102

图 4–100

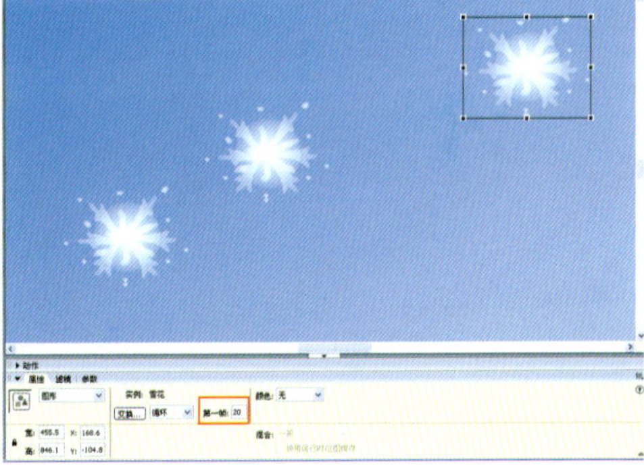

图 4–103

图 4-104

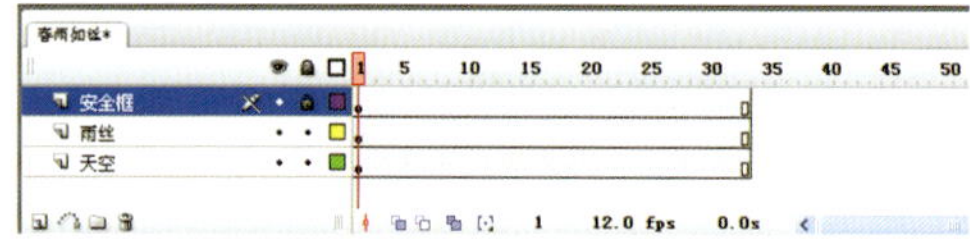

图 4-105

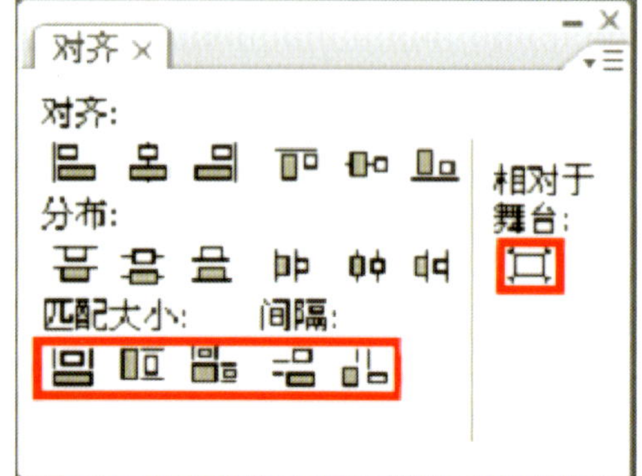

图 4-106

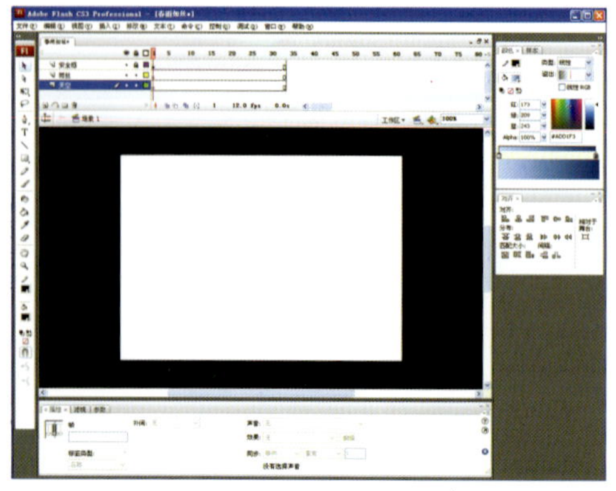

图 4-107

三、春雨如丝

下雨在角色动画的制作中是一种经常遇到的自然现象。下面我们就一起学习如何制作“春雨如丝”的自然现象场景，如图4-104所示。

【制作思路及步骤】

依次绘制出雨丝、天空层。关键技术是使用Flash中的元件编辑技术与逐帧动画技术。具体步骤如下：

Step 1. 增加新图层。新建Flash文件，点击时间轴左下方的插入图层工具，增加三个新图层并分别为这四个图层重新命名（图层自上而下，分别命名为安全框、雨丝、天空），如图4-105所示。

Step 2. 绘制安全框。使用矩形工具 绘制一个矩形框并删除填充颜色（只保留线条）。然后全选住矩形线框，在窗口中点选出对齐工具（快捷键【Ctrl+K】），选择相对于舞台，然后逐一点选，如图4-106所示。经过上述操作后就会得到与舞台边缘对齐的矩形线框。最后在这个线框的外部再绘制一个较大的矩形线框，选择填充工具 对两矩形间的交集部分实施填充（填充色彩为黑色）。安全框完成稿如图4-107所示。

Step 3. 绘制天空。在“天空”图层进行绘制，绘制方法可参照前一案例的绘制方法。最终效果如图4-108所示。

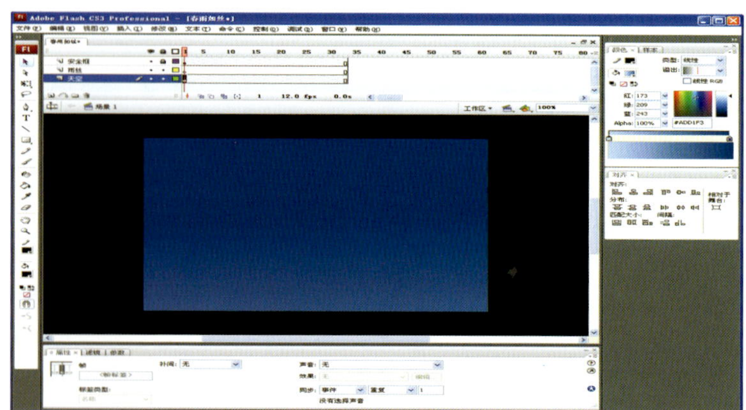

图 4-108

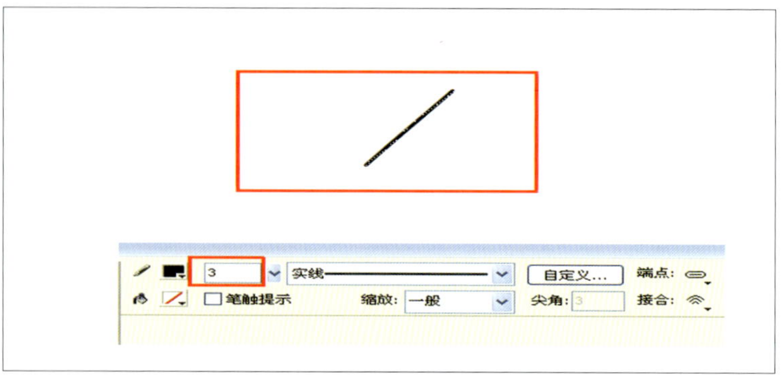

图 4-109

Step 4. 绘制雨丝元件。使用直线工具，绘制一条粗度为3的直线（如图4-109所示）。然后将线条转化为填充并进行形状调整。最后使用混色器进行颜色的调整，然后转化为图形元件并命名为“雨丝”。（如图4-110所示）。

Step 5. 制作雨丝运动轨迹线。鼠标左键双击“雨丝”元件，进行元件编辑，在元件内部新加一个图层。在新图层里绘制一条直线（雨丝的运动轨迹线）如图4-111 所示。

Step 6. 制作雨丝动态效果。雨丝运动轨迹线制作完成后，然后在第10帧按【F5】或点鼠标右键选择【插入帧】插入普通帧（如图4-112所示）。在雨丝层每个一帧添加一个关键帧，制作如图4-113所示的雨丝运动画面。最后删除轨迹线图层。

Step 7. 调整“春雨如丝”画面效果。首先返回场景，在“雨丝图层”对雨丝元件进行大量地复制与调整操作，最终完成如图图4-114所示的“春雨如丝”场景效果。

【提示】：本实例主要运用了Flash逐帧动画与引导动画相结合的元件技术。（可参考附书光盘中“第4章/4-3 Flash动态场景设计/ 4-3-3春雨如丝.fla”源文件。）

图 4-110

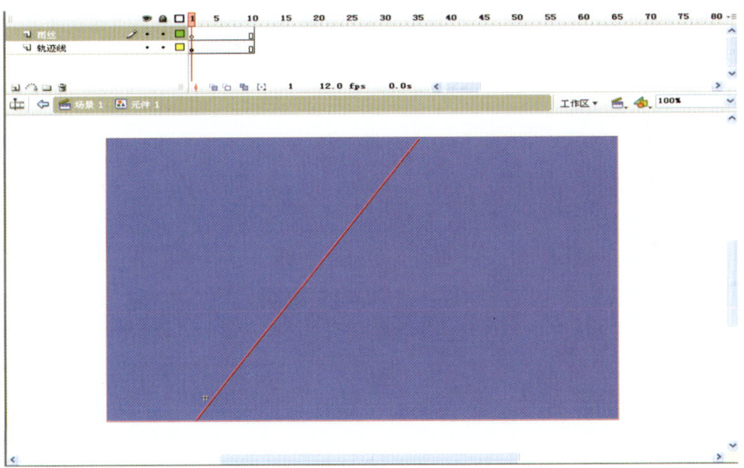

图 4-111

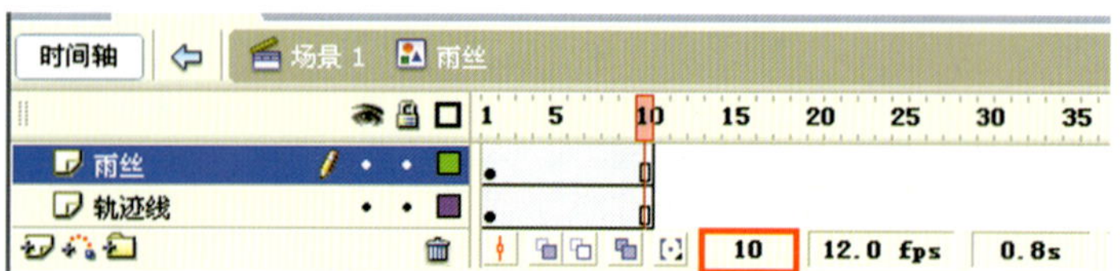

图 4-112

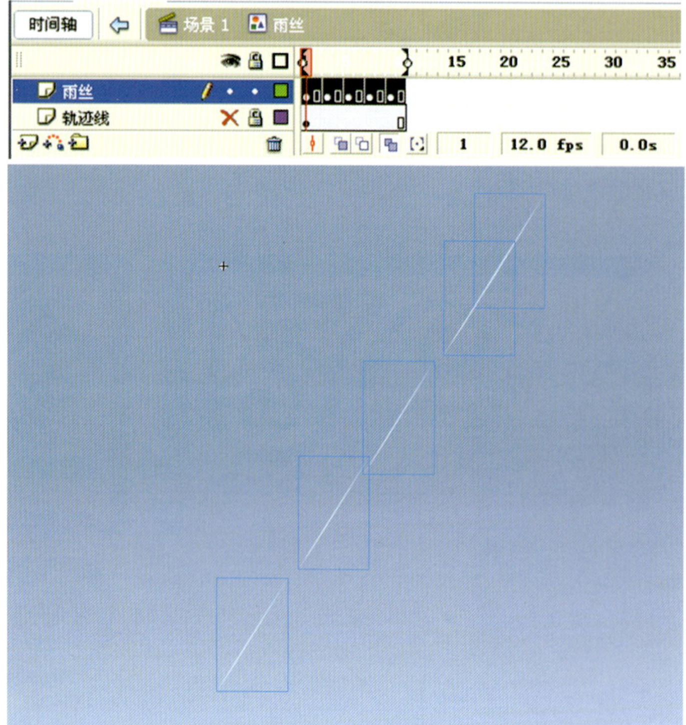

图 4-113

图 4-114

第五章 Flash 动画制作常用辅助工具介绍

学习目标：

想要做出效果更好更复杂的动画，光是用Flash是不够的，每个软件都有自己的优缺点，Flash也不例外。

重点与难点：

1. Flash与各软件结合使用；
2. 各软件的制作优势。

一、Photoshop

Photoshop工作界面如图5-1所示。

Flash是基于在矢量基础上的绘图，虽然占用文件量很小，但无法绘制出像photoshop绘制出场景的效果。国内的很多Flash动画公司在绘制场景上已经完全借助于photoshop进行绘制。Photoshop不仅具有丰富的笔刷，还有多种滤镜可供使用，这是Flash所无法比拟的，（当然也有很多使用painter进行背景的绘制的。这里仅以photoshop进行举例）。如图5-2、5-3分别为flash绘制的场景与photoshop绘制的场景对比。（这里并不是要比较出两幅画的好坏，而是给读者参考两种软件绘制场景的不同效果）

Photoshop可以导出如jpg、png、bmp等多种格式供flash导入使用，在导入的时候操作如图5-4所示，直接将图片导入到舞台。

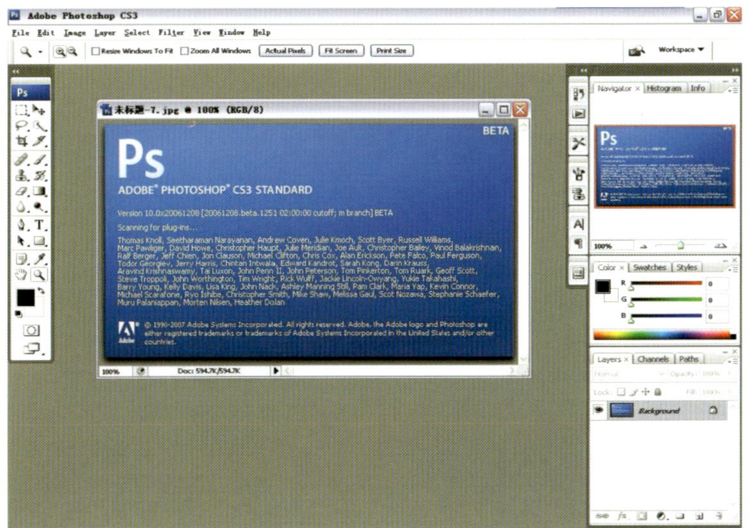

图 5-1

图 5-2

图 5-3

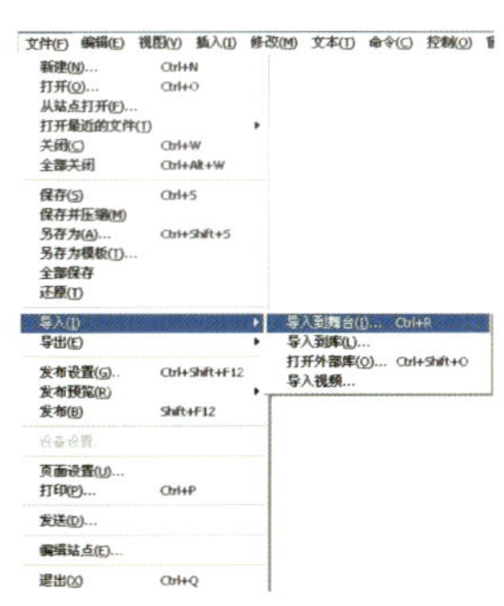

图 5-4

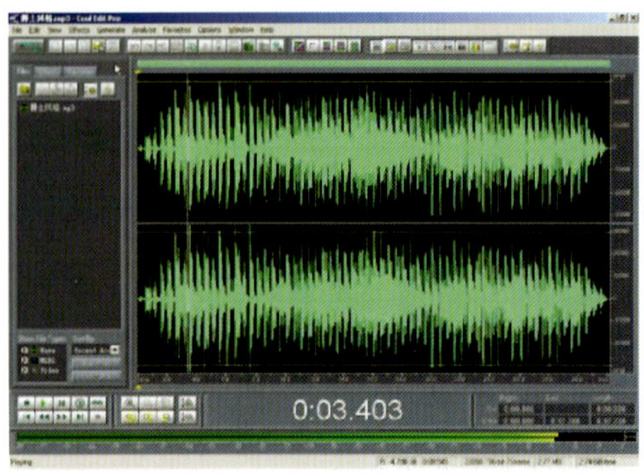

图 5-5

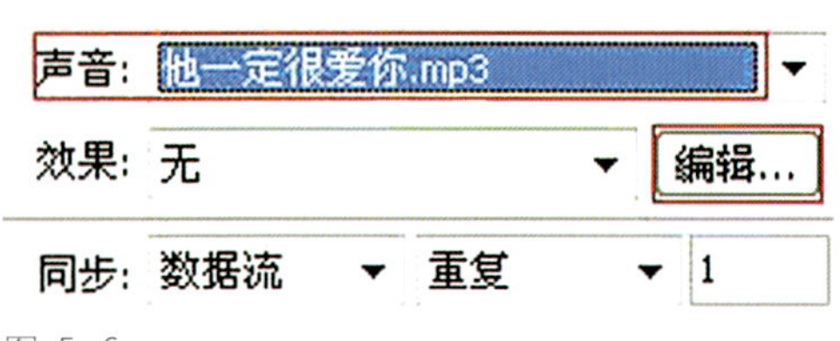

图 5-6

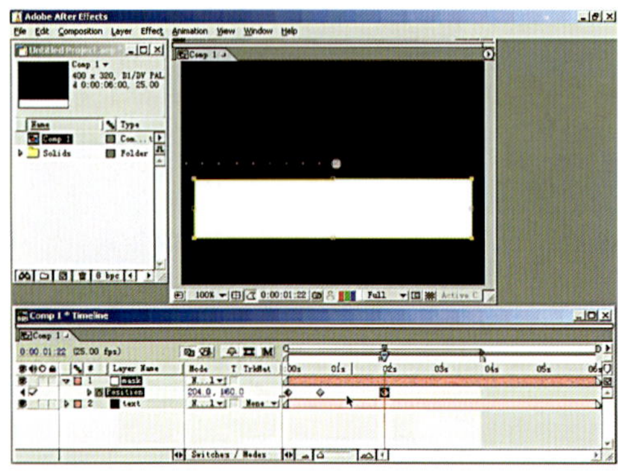

图 5-7

二、Cool edit

Cool edit工作界面如图5-5所示。

Cool edit是一款音效处理及录音软件。Flash中对音频的编辑只能作出淡入淡出效果，而对声音进行长短的处理，包括音色的编辑、声音的合成可以借助Cool edit来完成。Cool edit可以导出如mp3、wav等格式，支持flash的导入。

点击菜单【文件】-【导入】-【导入到库】。将mp3文件导入到Flash的库中。在flash选取需要插入音乐的关键帧，在属性面板中如图5-6所示，在“声音”列表中选择需要加载的音乐。

三、After effect

After effect界面如图5-7所示。

After effect是后期合成软件，主要用于影片的合成与特效添加。为了制作出更好质量的动画片，很多Flash动画公司趋向于使用After effect等后期软件来进行最后的合成工作。在Flash动画制作中，将每个镜头单独制作，并分层导出；背景的绘制可以借助photoshop等软件，也分层导出；声音及音效的处理也单独制作，最后将这些素材全部导入到After effect中进行合成。

以上是对Flash动画制作辅助软件的说明。在实际的个人创作中，可以根据自己创作的情况灵活选择制作软件。总之，是一个目的，就是使制作过程更简便化，制作效果更丰富化。切不可为了使用软件而使用软件，软件只是辅助工具，是为了帮助我们进行制作的工具。